JN011327

残された酸素ボンベ

標葉靖子
Seiko Shineha

福山佑樹
Yuki Fukuyama

江間有沙
Arisa Ema

nocobon
ダウンロード用
パスワード付

主体的・対話的で
深い学びのための
科学と社会をつなぐ
推理ゲームの使い方

ナカニシヤ出版

はじめに

▶本書の目的

　科学技術の発展は現代社会に多くの恩恵をもたらしています。しかしながらその一方で，安全性や倫理面，社会・経済的な影響などにより，科学技術の進展が新たな社会問題を生み出すこともあります。本書はそうした科学技術と社会をめぐる現代社会の諸問題について，科学の方法や知識・特徴だけでなく，社会のなかの科学技術のあり方やその相互関連性など，多様な視点から考えるきっかけとなりうるツールを提供することを目的としています。

　「科学技術と社会」の問題は，2011 年の東日本大震災における福島第一原子力発電所事故や 2018 年 11 月に報告されたゲノム編集ベビーの誕生といった例をあげるまでもなく，当該科学技術の専門家や一部の行政官だけが考えていればよい問題ではありません。ところが，大学教育のなかでいざ「科学技術と社会の問題を考えてみましょう」というと，残念ながら一部の学生から（教員からも！）次のような反応がかえってくることがあります。つまり，「文系」の人には科学技術という時点で「関係ないし興味もない」と線を引かれてしまい，「理系」の人には，「科学を知らない人が感情論で口を出すせいで科学技術の進展が妨げられてしまう」と言われてしまう——決してマジョリティではないが，かといって珍しいわけでもない——そのような反応です。こうした「文理」の意識の壁を壊すにはどうすればよいのでしょうか。

　大学教育において「科学技術と社会」について考えるための方法論として，科学コミュニケーションやサイエンスリテラシー，クリティカルシンキングなどのスキルに注目した入門書が 2000 年半ば以降相次いで刊行されています（藤垣・廣野 2008；伊勢田ほか 2013；廣野 2013）。これらの書籍は遺伝子組換え食品や地球温暖化，喫煙，地震予知，自動車事故，インフルエンザなど多様な題材を扱っており，「科学技術と社会」を考えるための非常に優れた入門書となっています。

　しかしながら，学生らのなかにある「文理」の意識の壁を壊すには，まず「科学技術と社会」をめぐる問題を多角的にとらえることそのものへの関心を喚起できるかが鍵となります。そのためには，上述したような入門書に取りかかる前段階となるような，もっと気軽に楽しく学べる入口があるとよいのではないか。本書の問題

意識はそこが出発点となっています。

▶科学と社会をつなぐコミュニケーション型推理ゲーム"nocobon"

「科学技術と社会」への関心を喚起し，あるテーマについて多様な視点で考えるきっかけとなるような，誰もが気軽に使えるツールが欲しい──そのような問題意識を背景に，2015年，東京大学大学院総合文化研究科・教養学部附属教養教育高度化機構の科学技術インタープリター養成部門，アクティブラーニング部門，社会連携部門の特任教員（当時）が集まり，「科学技術と社会」の問題，あるいは科学的なものの見方について学ぶためのコミュニケーション型推理ゲーム教材を開発しました。それが本書に収録されている「nocobon」です。
    （ノ コ ボン）

nocobon では，1枚のカードに記された科学や社会に関する不思議なストーリーの謎を，一人が出題者兼進行役となり，ほかの人たちがその出題者に対して「はい」か「いいえ」で答えられる質問（closed question）をすることによって解き明かしていきます。こうした形式のクイズは水平思考パズルとも呼ばれますが，そのような一般的な水平思考パズルとは異なる nocobon ならではの特徴は，nocobon の各カードで提示される謎が，「科学技術と社会」にかかわる実際にあった事例やデータをもとに作成されているという点です。そのため，nocobon の謎一つずつが「正解したら終わり」ではなく，そこからさらにさまざまな側面をもつ「科学技術と社会」をめぐる議論へとつながっていくように設計されています。

▶主体的・対話的で深い学びと nocobon

大学の教養教育において「科学技術と社会」を多方面から考えるきっかけづくりとして始まった nocobon ですが，実践を重ねていくうちに，「科学技術と社会」への関心喚起にとどまらず，さまざまな能力の育成も可能であることがわかってきました。現在 nocobon は，物事を多角的にとらえる力を涵養するためのアクティブラーニングツールとして，中学校，高校，大学，大学院，企業など，さまざまな場所・目的で幅広く活用されています。

nocobon は，選ぶ問題や振り返りの方法によって学習内容を自由に設定できるほか，問題数によって所要時間を細かく調整することもできるなど，「科学技術と社会」以外をテーマとする授業においても十分に活用していただける設計となっています。そのため，nocobon をプレイするだけでなく，自分たちで nocobon の新しいカードをつくって実践してみるといったプロジェクト学習への応用も十分に可能で

す。

　実際に私たち nocobon 開発チームや，全国でモニターに応募いただいた先生方によって，すでに以下のような多様な目的での実践がおこなわれています。

・科学技術と社会についての理解を深める
・質問をする力を養う
・物事を多角的な目で見る力を養う
・思考力，特に科学的思考能力および水平思考力（問題解決のために既成の理論や概念にとらわれずアイデアを生み出す力）を養う
・問題設定と解決のためのプロセスを体験する

　加えて，モニター実践いただいた先生方からは，クローズドクエスチョンの繰り返しによって実際にあったストーリーを解明していくという nocobon のシンプルなルールが，グループディスカッションが苦手な学習者にとっても安心して失敗・発言できる場を生み出し，学習者同士のコミュニケーションを促進させているのではないかとの感想も多くいただいています。

　まさに nocobon は，近年注目されるようになったアクティブラーニングないし「主体的・対話的で深い学び」を実現するためのツールとして，主に中等教育から高等教育までの現場で使用していただけるゲーム教材といえるでしょう。

　▶本書の構成
　科学と社会をつなぐ推理ゲーム nocobon とその使い方を収録した本書は「1. 導入編」「2. 理論編」「3. 問題編」「4. 解答・解説編」「5. 実践編」の 5 つの章で構成されています。

　「1. 導入編」では nocobon の基本ルールなどについて，例題を使って説明しています。

　「2. 理論編」では nocobon の背景にある，「科学技術と社会」「主体的・対話的で深い学び」「新しい能力と思考力」「ゲーム学習」についての理論的な解説をおこなっています。まずは nocobon をやってみたいという方は，理論編を飛ばして次の「3. 問題編」に進んでいただいても問題ありません。

　「3. 問題編」には，中高生でも取り組むことができる nocobon 10 問（＋「1. 導入編」で例題として用いたサンプル 1 問）を掲載しています。問題文の次のページには，

Q&A 形式でのヒントが掲載されています。

「4. 解答・解説編」には「3. 問題編」の解答と解説や注意点，関連する補足情報や参考文献が掲載されています。

最後の「5. 実践編」では，nocobon を使った授業の基本デザインのほか，これまでに nocobon のモニター募集に応募していただいた先生方による授業実践のなかから，それぞれの対象・目的に応じて nocobon をアレンジして活用している特徴的な実践例を紹介しています。

本書は中等・高等教育における教育実践者が授業などで活用することを前提としていますが，グループで楽しんだり，一人で楽しんだりもできます。本書をお読みになったみなさまが，nocobon の実践をおこなうチームの一員になっていただければ幸いです。

2019 年 12 月
nocobon 開発チーム

目　　次

導入編

ノコボン
nocobonってなに？

本章では nocobon の基本ルールを説明しています。nocobon を始める前には
必ず本「導入編」をお読みください。

第 1 節　nocobon とは

　　nocobon は，「科学技術と社会」について学ぶために開発されたコミュニケーショ
ン型推理ゲームです。実践を重ねるうちに「科学技術と社会」の問題を学ぶだけに
留まらず，さまざまな能力を育成することが可能であることが判明したため，現在
では「物事を多角的に見る目を養う」といった目的でも活用されています。
　　ゲームではプレーヤーは 4–6 名が一組になり，「科学技術と社会」にかかわる不
思議なストーリーの謎を，一人が出題者兼進行役となり，ほかの人たちがその出題
者に対して「はい」か「いいえ」で答えられる質問をすることによって解き明かし
ていきます。難易度は星一つから星五つまでの 5 段階で，1 問あたりの所要時間は，
3–10 分が目安です。ほとんどの問題，特に難易度の高いカードは，出題文の情報だ
けで謎を解明できるようにはできていません。大切なのは「質問力」「推論力」「柔
軟性」そして「多面的なものの見方」です。

第 2 節　nocobon のルール

①出題者 1 名とそれ以外の解答者に分かれます。
②出題者は，nocobon カードの問題（e.g. 図 1-2）を解答者に見せながら，問題文
　を声に出して読み，出題します。
③解答者は出題者に対して，「はい」か「いいえ」で答えられる質問をいくつでも
　することができます。
④出題者は答えと解説（e.g. 図 1-3）を読み，質問に対して「はい」か「いいえ」，
　あるいは「書かれていません（関係ありません）」などで答えます。
⑤質問と解答（③〜④）を繰り返し，謎の真相に迫ります。
⑥真相が暴かれたら，出題者は答えを解答者に見せて解説します。
⑦出題者を交代し，次の問題に移ります。

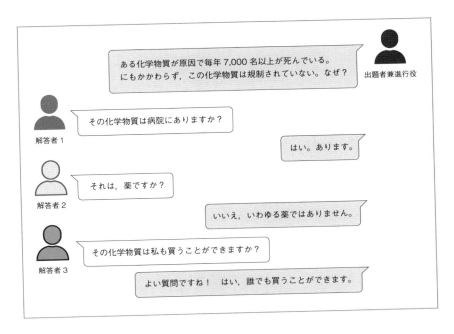

図1-1　例題：殺人物質（※本問の答えと解説は，pp.52-53）

第3節　各プレイヤーの役割

■ 解 答 者
間違いを恐れずにどんどん質問しましょう。どんな質問でもほかの解答者の思考の助けになる可能性があります。

■ 出 題 者
・解答者が正解に近づく質問をしたときには「よい質問です」，逆にどんどん離れていってしまったときは「離れました」と言ってあげましょう。
・解答者が煮詰まっていたら，ヒントを出してあげましょう。
・答えに書かれている「ストーリー」を完全に当てることは困難です。「だいたい合っている」ところまできたら正解とし，答えを教えてあげましょう。

第4節　本書に収録されている nocobon の読み方

「3. 問題編」（☞ pp.27–50）には，高校レベルの知識があれば取り組むことができる nocobon 10 問が収録されています。問題はすべて奇数ページに掲載されており，それぞれに問題のタイトル，問題文，写真，難易度が示されています（図 1-2）。また問題の次のページには，一人で nocobon に取り組む場合やどのように質問していくかがわからない場合の Q&A の例，また解答者が手詰まりになった際に出題者が提示するためのヒント（たとえば何を明らかにすれば解答に近づけるのかということや問題の背景知識の一部）が書かれています。授業等で nocobon を実施する際には，解答者には問題ページのみを開示し，裏の Q&A やヒントは出題者のみが確認できるようにしてください [1]。

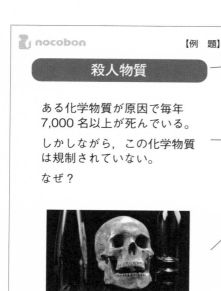

タイトル：
カードの問題タイトル。問題によっては，タイトルに重要なヒントが隠されている場合がある。

問題文：
解答者に示される問題文。質問して情報を追加していかなければ正解を明らかにできない程度の情報しか含まれていない。

図：
問題文に関連する図。ヒントになる場合もあれば，ミスリードを目的としたものもある。

難易度：
星の数で難易度を 5 段階で示したもの。難易度が高い問題はそうでないものより，正答にいたるまでに明らかにすべき隠された事項の数が多く，また必要とされる知識レベルがやや高度になっている。

図 1-2　nocobon 問題編（奇数ページに掲載されている問題の例）

「4. 解答・解説編」(☞ pp.51–73) では，見開きの左側に，図 1-3 のように，解答文（解答者が明らかにすべき事項／ストーリー），解説（問題に関する詳細な内容）が記されています。これらは出題者だけが事前に読み，解答者には問題の正答が出された場合，もしくは正答を断念した場合に開示されます。出題者はここに書かれている情報をもとに，解答者の質問に回答してください。また，教員が授業の目的に応じて使用するカードを選べるよう，学習キーワードも記載されています。

一方，見開きの右側には，授業担当者やワークショップファシリテーターとして

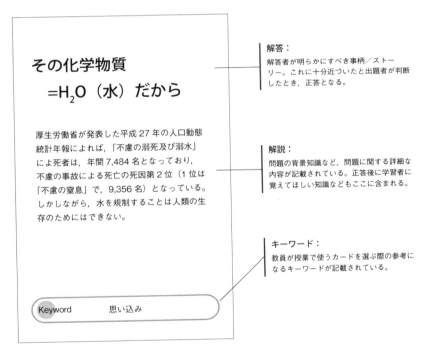

図 1-3　nocobon 解答・解説編（見開き左ページに書かれている解答の例）

---

1) 本書の該当部分をコピーしてご利用いただくか，巻末に記載しているダウンロードリンクから，nocobon カードの電子データをダウンロードしてご利用ください。なお nocobon カードの電子データは，はがきサイズ用紙の表裏に印刷して使うことを想定し，表が問題文，裏がヒントおよび解答・解説となっています。本書に含まれている Q&A 例や補足説明は，電子データのカードには含まれていませんのでご注意ください。

nocobon 活用を検討される方のために，nocobon を各種授業で活用する際の注意事項や，当該問題のもととなった事例や関連分野についての参考文献を記載しています。nocobon を発展学習や講義等とどう結び付けていくのかを検討する際の参考としてください。nocobon の問題のなかには「海外の事例だから日本には関係ない」といった誤解を招く可能性があるケースも含まれています。しかしながら実際には，nocobon が扱っているテーマはすべて，現代社会に生きる誰もがかかわる問題です。nocobon を授業やワークショップなどの場で活用する教員やファシリテーターの方は，あらかじめ見開きの右頁に書かれている補足情報等をよく読み，nocobon が扱っているテーマはいずれも私たち自身にも関係のあることなのだということを，適宜コメント・フィードバック等していただければと思います。

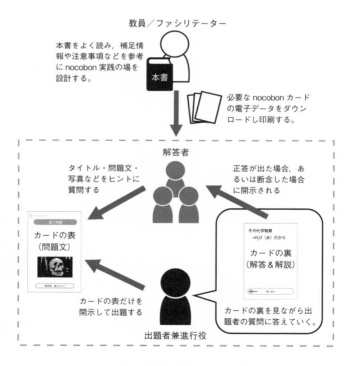

図 1-4 本書（& nocobon カード）の使い方

理 論 編

nocobonの背景にある理論

本章では nocobon の理論的背景として，「科学技術と社会」「主体的・対話的で深い学び」「新しい能力と思考力」「ゲーム学習」について解説しています。まずは nocobon で遊んでみたいという方は，「3. 問題編」(☞ pp.27-50) にお進みください。

第1節 「科学技術と社会」とは

■ 科学技術と社会とのかかわり

　普段それを意識しているかどうかにかかわらず，もはや私たちは科学技術によって生み出された成果の恩恵を享受することなしには生きていけません。一方で，地球環境問題や戦争への科学技術の応用など，科学技術の進展がもたらすものは必ずしもよいことばかりではありません。とりわけ 1990 年代から 2000 年代前半にかけて世界的な議論となった遺伝子組換え作物論争や BSE（牛海綿状脳症）ヒト感染，また 2011 年の日本における福島第一原子力発電所事故など，私たちはさまざまな形で科学技術への信頼の危機に直面してきました。さらには近年の著しい情報科学や生命科学の進展による私たちの生活様式や価値観の変化など，科学技術の進展が現代社会にもたらす影響をめぐっては，さまざまな社会的議論がなされています。

　高度に発達した科学技術が複雑に埋め込まれている現代社会において，私たちは科学技術の進展とどう向き合っていくべきなのでしょうか。科学技術と社会とのよりよい関係とは，いったいどのような関係なのでしょうか。これらの問いには明確な答えはありません。だからこそ，社会経済活動が科学技術の成果とその使い方に大きく依存している今日，それらの問いに向き合っていくためには，当該科学技術の科学的な安全性だけでなく，倫理的，法的，社会的課題（ELSI：Ethical, Legal, Social Implications）[1] などにかかわる多くの側面から問題をとらえる必要があります[2]。そこで，当該科学技術の専門家や一部の担当行政官だけでなく，より広いステークホルダーや一般市民とともに科学技術と社会との関係のあり方を議論していくべきであるというのが，日本を含む現在の世界的な科学技術／イノベーション振興政策

---

1) 日本やアメリカでは ELSI と呼ばれるが，EU では Ethical, Legal and Social Aspects: ELSA と呼ばれることもある。

の流れとなっています[3]。

　しかしながら，幅広いステークホルダーや一般市民が，新しい科学技術の研究開発やイノベーションの初期段階から参加するというのは容易なことではありません。なぜならば，「科学を専門家のみに任せていてはいけない」（コリンズ 2017：196）[4] からといって，「我々みんなが科学の専門家であるわけではない」（コリンズ 2017：196）からです。では，当該科学技術の専門家ではない人びととの共創をなしえていくためにはどうすればよいのでしょうか。そこで期待されているものの一つが，科学技術と社会をつなぐ機能としての科学コミュニケーションです[5]。

■ 科学技術と社会をつなぐ科学コミュニケーション

　科学コミュニケーションと聞くと，科学者やコミュニケーターが科学技術情報を提供し，科学の楽しさや成果をわかりやすく解説してくれる，科学実験教室やサイエンス番組，あるいは科学館や博物館で実施されているようなさまざまな取り組み

---

2) 科学技術と社会とのかかわりのあり方を多面的かつ批判的に検討する分野に科学技術社会論（STS：Science, Technology, and Society もしくは Science and Technology Studies）がある。STS の入門書としては，藤垣（2005），小林（2007），平川（2010）などがある。また人工知能をめぐるさまざまな議論について STS 的な視点から概説した一般向け書籍に江間（2019）がある。

3) 欧州における研究・イノベーション枠組み計画では「社会と共にある／社会のための科学（Science with ad for Society）」が主要推進プログラムの一つとして企画されており，「責任ある研究・イノベーション（RRI：Responsible Research and Innovation）」というコンセプトのもと，科学技術研究やイノベーションへのより幅広いアクターの参加などが課題として掲げられている（Stilgoe et al. 2013）。アメリカの科学技術政策においても，たとえば 2000 年からの NNI（National Nanotechnology Initiative）における Responsible development など，RRI と類似の概念が認められる。日本の科学技術政策における「科学と社会」については，科学技術振興機構の「未来の共創に向けた社会との対話・協働の深化」ウェブサイトにおける「科学と社会の関係深化」のページにまとめられている〈https://www.jst.go.jp/sis/scienceinsociety/（最終閲覧日：2019 年 1 月 8 日）〉。

4) コリンズは科学的知識の社会学の展開において中心的な役割を果たしているイギリスの科学社会学者で，科学技術がかかわるような社会的な問題の意思決定は民主的プロセスに委ねるべきか，あるいは最善の専門的アドバイスに従うべきかなどの専門知論の代表的論者の一人である。

5) 「今後の科学コミュニケーションのあり方について」（科学技術社会連携委員会 2019）に詳しい。

を思い浮かべる人も多いのではないでしょうか。そうした活動の多くは「科学技術の公衆理解（PUS：Public Understanding of Science）」という枠組みでの啓蒙活動であり，主要な科学コミュニケーション活動の一つとして位置づけることができます。PUS は知識の普及モデルとも呼ばれ，科学技術知識・情報を提供することで公衆の科学技術理解を増進させることを目的としています。そのため PUS では科学のすばらしさ・楽しさを伝えることや市民の科学リテラシーの向上に主眼が置かれます。したがってそこで伝達される科学知識は比較的シンプルかつ確実性の高いものであり，またその知識伝達の流れは専門家から非専門家への一方向的なものであるとされます。

　しかしながら，科学技術と社会をつなぐ科学コミュニケーションに期待されているのはそうした PUS だけではありません。とりわけ 2000 年以降の科学コミュニケーション論で議論されてきたのは，科学技術と社会とのかかわりのあり方を共に議論し，共に価値を創造するような――より踏み込んでいえば，市民による科学技術のガバナンスへの期待が内包された――「科学技術への市民関与（PES：Public Engagement of Science）」や「科学技術への市民参加（PPS：Public Participation of Science）」といった科学コミュニケーションの枠組みです（van der Auwerart 2005）。PUS とは異なり，PES/PPS では，関与するアクターの相互関係のなかでやりとりされる知識は複合的かつ不確実性をもった曖昧なものであり，その知識伝達の流れも双方向的あるいは対話的で，専門家と市民は対等なパートナーであるとされます。たとえば，サイエンスショップやコンセンサス会議，医学研究・臨床試験への患者・市民参画（PPI：Public Patient Involvement）などが PES/PPS に位置づけられます。

　科学技術と社会をめぐる問題は，科学に対して問うことはできるが，科学だけでは答えることができない「トランス・サイエンス的問題」（小林 2007）です。そうしたトランス・サイエンス的問題において人びとが科学技術の受容に否定的な原因を人びとの科学的知識の欠如にのみ求め，「正しい科学知識を提供すれば人びとの科学受容や肯定度は上昇する」とするパターナリスティックな考え方は，「欠如モデル」（Wynne 1991；2006）と呼ばれています。科学コミュニケーション論や科学技術社会論におけるこれまでの多くの先行研究と実践の蓄積によって，欠如モデルにもとづく PUS 活動だけではトランス・サイエンス的問題の解決はもたらされないことが明らかとなってきています[6]。そこで科学技術と社会をつなぐ科学コミュニケーションとして期待されている枠組みが，PES/PPS です。

■ 市民の科学リテラシー／科学者の社会リテラシー

前項で，科学技術と社会をつなぐためには欠如モデル的 PUS からの脱却が重要であると述べました。しかしながら，ここで注意しておきたいのは，PES/PPS の実現，すなわち当該領域の専門家ではない人びとが科学技術に関与／参加して共に価値を創造していくためには，前提としての情報共有や知識提供自体の重要性は決して否定されないということです。むしろ情報共有は重要な前提条件であり，PES/PPS の基礎をなしているといえるでしょう（標葉 2016）。そうした観点からも，市民の科学リテラシー向上は，科学技術と社会をめぐるさまざまな問題に囲まれている現代，すなわち「トランス・サイエンスの時代」（小林 2007）における重要な社会的課題の一つです。一方で，概して専門家はその前提条件にこだわり，市民の科学リテラシー向上だけで問題が解決されると考えてしまいがちであることから，科学者の社会リテラシー向上もまた同様に重要であると指摘されています（内閣府 2015）。

では，市民の科学リテラシー，科学者の社会リテラシーとは，それぞれいったいどのようなものなのでしょうか。トランス・サイエンス時代に求められる市民の科学リテラシーの定義についてはさまざまな議論[7]がありますが，よく知られているPISA2015 による定義では，科学リテラシーは単に科学上の研究成果に関する知識としてだけでなく，一般の人びとが科学的方法論を理解したうえで科学的知識を使って効果的に生活し，さらには科学に関連する政策決定に参加することを可能にする能力として位置づけられています（経済協力開発機構（OECD）2016）。

科学者／研究者などの社会リテラシーについてもさまざまなとらえ方があります。たとえば，文部科学省の科学技術・学術審議会では「一般国民が科学技術・学術に対し何を求めているのか，また，科学技術・学術に関する情報をどのように受けとめるのかを，一般国民の価値観や知識の多様性を踏まえつつ，適切に推測し，理解する能力」（文部科学省 2013：3）としています。また，北海道での遺伝子組換え論争で市民との対話の取り組みに精力的にかかわっている吉田省子氏は，科学者に必要な社会リテラシーを「科学技術が社会に埋め込まれたとき，科学技術は社会の中でどのように展開していくだろうかという点に考えが及ぶような態度を持ちうる能

---

6) 大規模な質問紙調査などによって，科学技術に関する知識の多寡と当該科学技術の受容態度の関係について，素朴な「欠如モデル」があてはまらないことを示した論文として，たとえば Bauer & Gaskell (2002), Gaskell et al. (2006), Allum et al. (2008), Drummond & Fischhoff (2017) などがある。

7) 松下 (2014), 田中 (2006), 原 (2015) などに詳しい。

力」（吉田 2008：166）なのではないかと述べています。

このように市民の科学リテラシーと科学者の社会リテラシーというように切り分けて議論されていますが，それぞれの定義や議論からは，両者に共通するポイントをみてとることができます。それは，トランス・サイエンス時代に必要なリテラシーとして，科学技術の専門家かそうでないかにかかわらず，私たちは科学技術と社会について多面的に考えられるようになることを求められているということです。

■ 科学技術と社会を多面的に考えるために

科学技術と社会を多面的に考えるとは，確立された科学的知識だけでなく，少なくとも以下の二つのポイントを理解したうえでトランス・サイエンス的問題に向き合うことだといえます。

> ①科学の方法や知識・特徴，科学的営為についてのメタ知識
> 　技術的限界，方法論的限界，倫理的・金銭的制約などによって科学的に解明されていないこと，不確実性があること，など
> ②社会のなかの科学技術のあり方やその相互関連性
> 　科学技術の営みやその成果の実装にあたっては科学以外の要素（ELSI，価値，経済，政治など）が複雑に絡んでおり，多くの場合，各要素がトレードオフ関係にあるなど，社会的合意を一意に決めることは容易ではないこと，など

これらのポイントをみれば明らかなように，「科学技術と社会」にかかわる議論は「理系」「文系」といった枠にはあてはまらない境界領域に位置しています。そのため，こうした科学技術と社会に対する多面的なものの見方を身につけるための教育実践について，現在の日本の中等教育までの理科教育では（個別の教師による授業例はあっても）カリキュラム検討や教材の集団的な作成・実施はほとんどなされていません（笠 2017）[8]。また高等教育では，日本では大学入学時点の段階ですでに学生自身が「文系」「理系」という枠組みに自らをあてはめてしまっていることも多く[9]，しかもそれぞれが「科学技術と社会」をめぐる問題に対して関心が薄く，どこか他人事のようにとらえてしまっている状況があります。

こうした現状に鑑み，まずは「科学技術と社会」への関心を喚起し，科学技術と社会を多面的に考えるきっかけを提供する科学コミュニケーション教材として開発されたのが nocobon です。nocobon は，そのプレイをとおして上述のような科学技

術と社会に多面的なものの見方や考え方に触れることができるように設計されています。科学の方法や知識・特徴だけでなく，社会のなかの科学技術のあり方やその相互関連性といった多様な視点から考えられるようになるための仕掛けとして，学習者の相互作用によって学習を進めていく設計を導入している点も，nocobon の大きな特徴の一つです。次節では，そうした nocobon を実際の授業などで活用するうえでのキーワードとなる「主体的・対話的で深い学び」について解説していきます。

第 2 節　主体的・対話的で深い学び

■ 主体的・対話的で深い学びの背景

2017 年に改訂された小学校および中学校の学習指導要領の解説には，「「主体的・対話的で深い学び」の実現に向けた授業改善を推進することが求められる」（文部科学省 2017）という表現があります。この「主体的・対話的で深い学び」とは，能動的な授業を表す言葉である「アクティブラーニング」の訳語です。「主体的・対話的で深い学び」と「アクティブラーニング」は別のものであるとする論者もいますが，この本では基本的に両者は同一のものであるととらえて論を進めます。

nocobon はこの「主体的・対話的で深い学び」を実現するためのゲーム教材であるといえます。ゲーム教材というのも人によっては聞き慣れない言葉であると思いますが，まずは「主体的・対話的で深い学び」について述べていきます。

1990 年代以降，まず高等教育（主に大学教育）の分野で学生の授業への能動的な参加を促す手法としてアクティブラーニングが注目されるようになりました。なぜ高等教育から始まったのでしょうか。それは，高等教育が教育の実践の場として他

8）もちろん，科学技術と社会とのかかわりについて考えるための取り組みが日本の中等教育においてこれまでまったく検討されてこなかったわけではない。1990 年代には，STS（Science, Technology, and Society）教育（小川 1993；Aikenhead 1992）の研究や実践が数多くおこなわれていた。しかしながら，そうした STS 教育は多くの教員にとっては専門外の，かつ生々しい現実を扱うことの難しさもあり，2000 年以降は先端技術を学習の動機づけに利用する「理科教育」に包含されてきたとされている（内田・鶴岡 2014）。

9）「文系」「理系」という学問上の区分けをめぐる論争やその歴史的経緯については，隠岐（2018）に詳しい。

よりも進んでいるからではありません。むしろ現実はその逆であり，それ以前の大学の授業は，100人以上を収容できる大教室で教員が講義をおこなう一方向型授業が主流でした。この一方向型授業で授業が成り立っていた（と考えられる）時代もあったのですが，やがて限界が訪れます。この原因となったのが，大学の大衆化（ユニバーサル化）とそれに伴う学生の多様化です。

　1960年代頃から，アメリカにおいて大学への進学率が急速に高まり，大学が大衆化（ユニバーサル化）するにつれて，少数民族・社会人・海外からの留学生などこれまでの大学にはみられなかった，多様な集団が高等教育を受けるようになりました。また大衆化が加速することで，大学教育を受けるための基礎学力が十分にない学生や，大学で学ぶことの意義や目的が薄い学生もまた大学のなかに増えていくことになりました。従来の一方向的な講義を中心とする授業ではこのような学生を講義に引きつけ，十分に理解させることが難しくなったこと，つまり高等教育の「質保証」が必要になったことがアクティブラーニングが注目されるようになった背景の一つとしてあげられます（溝上2016）。

　また一方で，社会の流動化が進むにつれて社会で求められる能力も変化するようになりました。その結果，大学が学生に身につけさせるべきであるとされる能力もまた否応なしに変容することになります。近代社会においては，誰もが同じことができるという「標準性」や，習得した「知識の量」やそれらを素早くアウトプットするという「知的操作の速度」などの能力が重視されていましたが（本田2005），グローバル化の進展などとともに問題解決力などの「高次の認識能力」や，コミュニケーション能力などの「対人関係能力」などを含むいわゆる「新しい能力」に1990年代以降（日本では特に2000年代以降）注目が集まるようになります（松下2010）。

　大学において「主体的・対話的で深い学び（アクティブラーニング）」を推進することになった「（高等）教育の大衆化とそれに伴う多様化」と「求められる能力の変化」というこれら二つの流れは，ほかの校種にも影響を及ぼしています。日本の高校進学率は1970年頃に90%を超え，2018年には98%を超えるなど，現在ではほとんどすべての人が高校に進学するようになりました。高校に「みんなが行くから」「親に行けと言われたから」という理由だけで，特に目的なく進学してきた生徒たちをどのように授業に引きつけるのかということをお悩みの先生方も多いのではないでしょうか。また日本においても移民が増加するにしたがって，小学校の児童の人種が多様化しているというニュースもみられるようになりました。多様化する学生・生徒・児童への対応は今後も学齢を問わずに求められていきます。また現代社

会に求められる「新しい能力」は，さまざまな学齢向けに日々提案されており，「近代型能力」を身につける授業から，「新しい能力」を身につける授業への移行はどの学校でも求められているといえます。「新しい能力」については後ほど本章第3節で紹介します。

■ 主体的・対話的で深い学びとは

それでは「主体的・対話的で深い学び（アクティブラーニング）」とは何なのでしょうか。これにはさまざまな定義が存在しますが，国内で最も用いられる定義は溝上（2014）の「一方向的な知識伝達型講義を聴くという受動的学習を乗り越える意味での，あらゆる能動的な学習であり，書く・話す・発表するなどの活動への関与と，認知プロセスの外化を伴うもの」でしょう。

ここにあるように「主体的・対話的で深い学び（アクティブラーニング）」とは「一方向的な知識伝達型講義を聴くという受動的学習を乗り越える」ことが目的であり，そうでない「あらゆる能動的な学習」はすべてアクティブラーニングといえます。あまりイメージできないと感じる方は小学校の授業を思い出してみてください。小学校では，たとえば新しい計算を習うときに，クラス全体や少人数のグループでどうしてそうなるのかを話し合う時間があったと思います。このように小学校の多くでおこなわれるグループで何かを考えるような授業はアクティブラーニングの一例であるといえます。

また，山内（2018）はアクティブラーニングを三つのレベルに分類しています（図2-1）。

レベル1は，「知識の共有と反芻」に関する方法です。アクティブラーニングにおいては，教員から学習者へ情報が提示されるだけではなく，学習者がそれを主体的に解釈し，話し言葉や書き言葉で表出することが求められます。特に「書く」活動は後述する高次の認識能力に直結するため重要であり，ミニットペーパーのように授業中に書いた文章を学習者同士や教員と共有し，学んだことを反芻する方法はその代表的な例であるといえます。

レベル2は，「葛藤と知識創出」に関する方法です。多様な背景をもつ複数の学習者間で学習活動中に相互作用（話し合いなど）が起こると意見のぶつかり合いが生じます。このぶつかり合いを乗り越える過程で新たな知識が生み出されます。このような，学習者の相互作用を重視した学習手法を協調学習と呼びます。協調学習の多くは学習者同士の相互作用の過程を知識創出につなげることを目的としておこなわれています。

```
レベル3：問題の設定と解決
 例：問題基盤型学習・プロジェクト学習

レベル2：葛藤と知識創出
 例：相互教授・協調学習

レベル1：知識の共有と反芻
 例：ミニットペーパー・自由記述
```

図2-1　アクティブラーニングの三つのレベル（山内 2018）

　レベル3は，「問題の設定と解決」に関する方法です。このレベルの典型的な例としては，いわゆる二つのPBLである，問題基盤型学習（Problem Based Learning）とプロジェクト学習（Project Based Learning）があげられます。問題基盤型学習とは，実世界で直面する問題やシナリオの解決をとおして，基礎と実世界とをつなぐ知識を習得し，問題解決に関する能力や態度などを身につけることを目指す学習のことで，プロジェクト学習とは，実世界に関する解決すべき複雑な問題や問い，仮説を，プロジェクトとして解決・検証していく学習のことです（溝上 2016）。この二つの方法は違いはあるものの，学習者が問題を解決するという基本的な図式は共通しており，アクティブラーニングを実現する最も高度な方法としてとらえられます。

　アクティブラーニングの訳語である「主体的・対話的で深い学び」に「深い」という言葉が入った理由はまさにここにあります。アクティブラーニングとはその定義では「一方向的な知識伝達型講義を聴くという受動的学習を乗り越える」ための学習であり，そのなかには非常に多様な学習が含まれます。この「深い」という言葉には，単に覚えたことを書き出したりするだけでなく，レベル2，レベル3のような学習を求めるという意味が含まれているのではないかと筆者は考えます（もちろんレベル1の学習が有効でないというわけではありません）。

　nocobonは，基本的には相互作用のなかで科学技術と社会について学ぶことをめざしており，レベル2の活動を実現するための教材であるといえます。しかし，本書の「5. 実践編」には学習者が「nocobonの新しい問題を作成し，誰かに実践する」という例が収録されており，この場合にはレベル3の活動をおこなっているといえるでしょう。2022年度から，高校における「総合的な学習の時間」が，より探究的な視点を重視する「総合的な探究の時間」に改訂されることになっています。「探

究」の時間では，課題の設定，情報の収集，整理・分析をループさせながら学ぶことが求められます（文部科学省 2019）。「nocobon の新しい問題を作成し，誰かに実践する」という活動は，上手くデザインできれば，この「探究」の時間にも活用できると考えられます。詳細は「5. 実践編」（☞ pp. 75–102）をご覧ください。

また「主体的・対話的で深い学び（アクティブラーニング）」には大別すると，「講義＋アクティブラーニング型の授業」と「アクティブラーニング中心の授業」があります。前者は講義を中心としていますが，そのなかに生徒や学生が何かを書いたり，話し合ったり，発表したりする活動を含む授業のことです。後者は「学習とは学習者が主体になるべきである」という学習観（学習者中心主義）にもとづいて，生徒や学生同士の話し合いや学び合い，何らかの活動への従事などを中心に据えた授業のことです。このタイプの授業の目的としては，後述する高次の認識能力（高次思考）がめざされることが多くなっています。

nocobon はどちらのタイプの授業でも利用できますが，学習者同士が問題を出題し合い，学び合うという点で後者の授業で利用されることを想定しています。そのような授業での教師は，主に知識伝達をおこなう教授者としてではなく，支援者（ファシリテーター）として学習にかかわっていくことになります。nocobon の実施においても生徒・学生同士だけでは，ときどき間違った理解に到達してしまうことがあるため，そのような際に軌道を修正する教師の役割はとても重要になります。

第 3 節　「新しい能力」と思考力

■ 新しい能力

前節で少し触れたように「主体的・対話的で深い学び（アクティブラーニング）」の背景にあるのが「新しい能力」という考え方です。本節では，その「新しい能力」について紹介します。「新しい能力」ではない旧来型の能力としては「知識量」や「知的操作の速度」が重要であるとされてきました。これは学校のテストやテストで測定している能力を思い浮かべていただければわかりやすいと思います。しかし，社会の流動性が高まるにつれて，前例のない問題や状況が多く発生するようになり「知識があるだけ」では対応できない事柄が多くなりました。それに対応するためのいわゆる「新しい能力」が 1990 年代頃から提唱され注目されるようになります。

本田（2005）は近代型能力（旧来型の能力）とポスト近代型能力（新しい能力）とい

表 2-1 近代型能力とポスト近代型能力 (本田 2005)

近代型能力	ポスト近代型能力
「基礎学力」	「生きる力」
標準性	多様性・新奇性
知識量 知的操作の速度	意欲・創造性
共通尺度で比較可能	個別性・個性
順応性	能動性
協調性・同質性	ネットワーク形成力 交渉力

う軸で，表 2-1 にあるような対比をおこなっています。本書では，各項目について
の説明は割愛しますが，近代型能力には産業革命以降の学校の目的であった「工場
で働くことができる労働者の育成」が根底にあります。この能力観では，読み書き
がきちんとできて，トップが下した指示を理解し，環境に順応しながら働けること
が重要視されます。この近代型能力が標準的・均一的なものをめざすのとは対照的
に，ポスト近代型能力では「不安定で流動的な社会」を想定しているため，求めら
れる能力もまた変動的になります。このため，多様性や個性が重視され，新しいこ
とに意欲的に取り組むことや創造性も評価されるようになっています。

　ポスト近代型能力である「新しい能力」に該当するものとして，たくさんの能力
が存在していますが，国内の初中等学校を対象としたものでは「生きる力」(文部科
学省 2008, 2017)，高等教育を対象としたものでは「社会人基礎力」(経済産業省 2006)
などが有名で，海外では 21st Century Skills (Griffin et al. 2011) といったものが有
名です。

　これらの新しい能力には共通点がみられ，松下 (2010) によると，

・基本的な認知能力（読み書き計算など）
・高次の認識能力（問題解決／創造性など）
・対人関係能力（コミュニケーション／リーダーシップなど）
・人格特性・態度（自尊心／責任感など）

などをおおよそ含むといわれています。

また，たとえば，2008 年の学習指導要領のテーマである「生きる力」では，

> ・**確かな学力**
> 　基礎的な知識技能を習得し，それらを活用して自ら考え，判断し，表現する
> 　ことにより様々な問題に積極的に対応し，解決する力
> ・**豊かな人間性**
> 　自らを律しつつ，他人ともに協調し，他人を思いやる心や感動する心などの
> 　豊かな人間性
> ・**健康・体力**
> 　たくましく生きるための健康や体力

の三つを身につけさせたい力としています。このような力が一方向的な講義で身に
つかないことは想像にたやすいでしょう。そのため，これらの力を身につけさせる
ための方法として「主体的・対話的で深い学び（アクティブラーニング）」が注目され，
日々さまざまな手法が考案されています。

　nocobon は原則としてはグループでおこなうゲームですのでコミュニケーション
などの「対人関係能力」にも資する可能性はありますが，この新しい能力のなかで
は主に「高次の認識能力」を育成することをめざしています。

　高校での nocobon の実践を踏まえた研究（標葉ほか 2017）では，「科学技術と社
会」に関する知識や多様な視点を獲得できることが検証されており，知識の獲得に
も対応しています。しかし一方で，高次の認識能力のなかでも nocobon は「思考
力」の育成をその射程に入れています。次の項では，この「思考力」について紹介
します。

　■ **思 考 力**
　文部科学省は 2008 年の学習指導要領の改訂で，「思考力・判断力・表現力」を育
成すべき重点課題としています（文部科学省 2008）。この指導要領のなかで「思考
力・判断力・表現力」とは，①体験から感じとったことを表現する，②事実を正確
に理解し伝達する，③概念，法則，意図などを解釈し，説明したり活用したりする，
④情報を分析・評価し，論述する，⑤課題について，構想を立てて実践し，評価・
改善する，⑥互いの考えを伝え合い，自らの考えや集団の考えを発展させることで
あるとされています。また，近年国内でも対応が求められている，国際的に通用す

る大学入学資格である「国際バカロレア」においても，論理的思考力や批判的思考力を身につけることが目標の一つであるとされています。

　学習指導要領の「思考力・判断力・表現力」をアカデミックな言葉で言い換えれば，それらは「高次思考」をめざしているといえます。高次思考とは何かを一言でいえば，「知識の単純な記憶や理解」を超えた学習のことを指します。アンダーソンら（Anderson et al. 2001）は認知過程においては①記憶，②理解，③応用，④分析，⑤評価，⑥創造の六つの次元が存在し，知識には①事実的知識，②概念的知識，③手続き的知識（物事の進め方などに関する知識，ノウハウ），④メタ認知的知識（自身の認知についての知識）の四つの次元が存在し，その組み合わせにおいて教育目標が存在するというタキソノミー・テーブルを作成しています（表2-2）。この表2-2のなかで，各知識次元の分析・評価・創造が，高次思考です。先ほどの文部科学省の「思考力」も活動内容から察するに，このテーブル内の多様な目標が内包されていると考えられます。

　一点，注意しておきたいことですが，タキソノミー・テーブルはこのすべてを一つの学習でおこなえといっているわけではないということです。また認知過程次元のレベルは思考の優劣を表しているわけではありません。あくまでこれは教育目標を分類したものですので，それぞれの学習においてめざすべき目標を定めることが重要になります。しかし，たとえばすべての授業時間で「事実的知識」の「記憶」や「理解」だけをめざしていないか，カリキュラムがさまざまな次元の力を身につけさせるものになっているか，ということは考える必要があるでしょう。

　nocobon は事実や概念に関する知識を記憶したり理解したりするために使うこともちろんできますが，「手続き的知識」や「メタ認知的知識」の高次思考の育成に

表2-2　タキソノミー・テーブル（Anderson et al. 2001 より筆者翻訳ならびに一部追記）

知識次元	認知過程次元					
	①記　憶	②理　解	③応　用	④分　析	⑤評　価	⑥創　造
1. 事実的知識						
2. 概念的知識				高次思考		
3. 手続き的知識						
4. メタ認知的知識						

も使うことができます。そのキーワードの一つが「水平思考（Lateral thinking）」です。nocobon は通常のクイズとは異なり，正解となっている「知識」を知らなくても論理思考や水平思考を組み合わせることで解答に到達することが可能なように作成されています。

水平思考とは 1967 年にエドワード・デボノが提唱した思考法です（De Bono 2014）。論理的思考や分析的な思考を垂直思考（Vertical thinking）とし，論理を深めるには有効である一方，発想の広がりや新たな視点，多様な視点の獲得には向かないとされています。これに対して，デボノは水平思考を，既成の理論や概念にとらわれずに多様な視点から物事を見つめることで直感的な発想を生み出す方法としています。水平思考を鍛えるためのパズルのことを「水平思考パズル」と呼びます。ほかの水平思考パズルとしては，『ポールスローンのウミガメのスープ』シリーズ（Sloane & MacHale 1993）や『Black Stories』[10] などが有名です。デボノは水平思考を鍛える際には「支配的なアイデアから逃れること」や「間違いを楽しむこと」が重要であるとしています。nocobon もこの水平思考パズルの影響を受けて開発されており，ゲームでは間違いを恐れずに質問と回答を繰り返し，論理的に考えると一見ばかげたように思えるアイデアを口にしなければ回答にたどり着けないようにできています。このため，nocobon に回答する際の「思考プロセス」に着目して利用することで，「水平思考法」の「理解」から「評価」までの次元を目的に利用することができます。

本章の冒頭で nocobon は「ゲーム教材」であると述べました。次節では，「ゲームで学ぶ」ことの意義について解説していきます。

第 4 節　ゲーム学習とは何か

みなさんは「ゲームで学ぶ」という言葉を聞くと，どのようなことを想像するでしょうか。この本の読者であるみなさんはそうでないかもしれませんが，筆者の経験では多くの教師（教育関係者）や保護者はゲームにあまりよい印象を抱いていないように思われます。誰かが「ゲームじゃないんだから！」と怒ったとき，おそらくそれは「もっと真剣にやれ！」という意味を伴っていると思います。筆者もかつて

10）『Black Stories』Holger Bösch, moses, 2004.（日本語版販売元はグループ SNE, 2011）

塾講師として中高生を教えていた頃，休み時間に携帯ゲーム機で遊んでいた生徒を授業に再び集中させることに苦労した経験があります。このように，ゲームは「真剣でないもの」であるとか「授業や勉強を邪魔するもの」という印象をもたれることが多いように思われます。

　一方で，ある人は「日本全国を鉄道で旅するゲーム」で日本の地理を覚えたことを思い出すかもしれませんし，またある人はロールプレイングゲームに登場する魔法の名前で英単語を覚えたことを思い出すかもしれません。このようなケースではゲームを遊ぶなかで「付随的に」何か（地理や英単語）を学んでいたといえます。

　しかし，ゲーム研究の専門家がいうところによれば，ゲームは先ほど述べたような付随的な学習効果があるだけでなく，どのようなゲームであっても「簡単には乗り越えられない挑戦的課題」をプレイヤーに与えているのだといいます。イェスパー・ユール（Jesper Juul）は，ゲームをプレイすることは「挑戦的課題を乗り越えるためにスキルを向上させる活動であり，それゆえに根本的にある種の学習経験」（ユール 2016）であるというのです。難しいアクションゲームを失敗を繰り返しながらプレイしていると少しずつ操作が上手になり，最後にはなんとかクリアできたといったことをイメージしていただくとわかりやすいかもしれません。

　一方で，エンターテインメント用のゲームとは異なって「何かを学ぶことや社会の役に立つため」に意図的につくられたゲームがあります。企業の研修などでビジネスゲームといわれる企業の経営を体験するようなゲームを経験したことがある方もいるかもしれません。このようなゲームは総称して「シリアスゲーム」と呼ばれます（藤本 2007）。

　国内で開発された有名なシリアスゲームとしては防災教育用に開発された「クロスロード」があります（矢守ほか 2005）。クロスロードは災害対応過程で起こる心理的なジレンマを体験するために，5人程度を一組としておこなうカードゲームです（図 2-2）。

　クロスロードのルールを簡単に説明します。このゲームでは，災害対応における二者択一の状況が書かれた「状況カード」を読み，それに対して各プレイヤーがイエスかノーかの意思表示をカードを用いておこないます。全員がカードを伏せるかたちで意思決定を終えたら，選択したカードを一斉に表にし，多数派であったプレイヤーがポイントを獲得します。その後，それぞれのプレイヤーがなぜその判断をしたのか，グループごとに議論をするという手続きを繰り返します。

　ゲームで使用される「状況カード」は，阪神・淡路大震災後の市役所の職員など

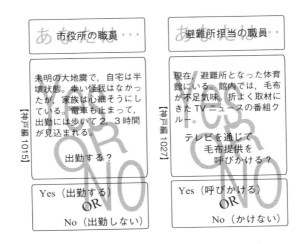

図 2-2　クロスロードのカード（矢守ほか 2005：165）

へのヒアリングや，新潟県中越地震後の聞き取り調査など現実に起こった事実にも
とづいて作成されており，プレイヤーはゲーム中の議論や振り返りを通じて，災害
対応に関する考えを深めることができます。

　シリアスゲーム研究者の藤本（2017）によると，このようなゲームで学ぶこと（ゲ
ーム学習）には以下のようなメリットがあります。このメリットを nocobon と関連
させながら紹介します。

1）学習意欲向上への影響

　ゲームを用いることで意欲的に学習をおこなうことができます。たとえば，これ
まで科学技術と社会に関する授業では，重要事例を講義によって学習してきました。
一方で nocobon では，これらの事例を学習者自身が謎を解き明かし，またコミュニ
ケーションをとりながら学ぶことができるため，従来型の学習よりも学びたいとい
う意欲が向上することが考えられます。

2）複雑な問題状況をわかりやすくする

　実際の社会では非常に多くの物事が複雑に絡み合っています。シミュレーション
は現実世界のある面について正確にモデル化することで，その複雑さを忠実に表現
することを目指しますが，多くのゲームはそうしたシミュレーションとは異なり，

テーマの重要な要素だけを抽出して扱っています。たとえば，戦国時代の国を統治するゲームでは，国の能力は石高・兵力・民の忠誠度などに単純化されています。このようにゲーム学習では環境を単純化して，重要な要素だけを繰り返して体験できるため，ポイントを絞ってわかりやすく学習することができます。nocobon でも現実のケースのなかで学習に利用しやすい面を抽出することで，短時間で効果的な学習がおこなえるように設計されています。

3）活動結果を振り返る学習の促進

ゲームには勝敗があるため，なぜ負けたのか勝ったのかを振り返りやすい構造になっています。nocobon でも問題で扱われた事例についての気づきなどを振り返って議論することが可能であり，振り返りによる学習を促進できます。ケースとして事例を検討するよりも共通の経験があるため，グループでの振り返りも実施しやすくなっています。一方，ゲーム学習においては振り返りを実施しないと，学習者は「楽しかった」というところで終わりやすい傾向があります。このため，振り返りをおこなうことはきわめて重要になり，おこなわれない場合には学習効果が下がる傾向にあります。

4）試行や失敗から学ぶ環境をつくれる

多くのゲームは一度でクリアできるようになっておらず，ゲームには失敗がつきものです。たとえば nocobon では回答者は何度も質問と回答をおこないますが，その多くは失敗に終わります（多くの質問は出題者に「いいえ」と言われます）。授業中で手を挙げて失敗することは学習者の心理にも負担を与えますが，nocobon のなかでは気楽に失敗をすることができます。

5）安全な環境で失敗しながら学べる

また多くのゲームにおいて失敗はあらゆる面で安全です。たとえば実際の世界では，飛行機や宇宙船の操縦を失敗した場合，生命の危険があります。ゲームの世界での失敗は現実世界には何の影響も及ぼしません。また学校の授業では「変な質問」をすると注意される可能性がありますが，nocobon のゲーム中に「変な質問」をしてもそのようなことはありません。

ここまで nocobon に関する理論的な背景を少しだけ説明させていただきました。

より詳しく知りたい方は，ぜひそれぞれの要素に関する参考文献など（☞ pp.109–112）をお読みいただければと思います。

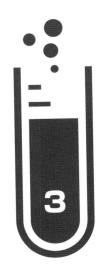

問題編

さあ，発想の広がりを楽しもう！

nocobon では本当にあったストーリーを当てることをめざしますが，問題文から考えられる答えは一つではありません。少ない質問数で正解にたどり着くことよりも，「それおもしろい」「その発想はなかった」といった，グループで解き明かす過程における発想の広がりを楽しみましょう。

 nocobon 【例　題】

殺人物質

ある化学物質が原因で毎年
7,000 名以上が死んでいる。

しかしながら，この化学物質
は規制されていない。

なぜ？

難易度　★☆☆☆☆

その化学物質は病院にありますか？

——はい，あります。

それは，薬ですか？

——いいえ，違います。

その化学物質は私も買うことができますか？

——はい，買えます。

ヒント

・「規制できない」とはどういうことだろうか？

・思い込みを排除して考えてみよう。

★答えは p.52

【Q1】

エビをとると…？

山田くんは海で勝手に伊勢エビをとったことを SNS に投稿した。

鈴木先生が教授会で怒られた。

なぜ？

難易度　★★☆☆☆

山田くんがそこで伊勢エビをとるのは違法でしたか？
——はい，違法です。

鈴木先生も山田くんと一緒に伊勢エビをとっていましたか？
——いいえ，違います。

鈴木先生が山田くんの指導教員だったからですか？
——いいえ，違います。
　　たしかに鈴木先生は山田くんの指導教員でしたが，密漁に関して指導
　　責任を問われて怒られたわけではありません。

ヒント
・問題の投稿によって，山田くんの SNS が炎上しました。
・ある人の SNS が炎上すると，どのようなことが起こるでしょうか？

用語補足：SNS とは，Social Networking Service（ソーシャル・ネットワーキング・
　　　　サービス）の略で，ウェブ上で人間関係を構築できるサービスの総称です。
　　　　たとえば，LINE，Twitter，Instagram，Facebook などがあります。

★答えは p.54

不健康志願者？

太郎くんは，週末に PM2.5 を吸いに行くという。

にもかかわらず，彼はとても嬉しそうだった。

なぜ？

難易度　★★☆☆☆

太郎くんは中国に行く予定ですか？

──いいえ，違います。

太郎くんは PM2.5 を吸うことをわかっていますか？

──はい，わかっています。

タバコですか？

──いいえ，違います。

ヒント

・PM2.5 の定義はなんだろう？

・吸うことで嬉しくなる状況をいろいろと思い浮かべてみよう。

・太郎くんはどこに何をしに行くのだろう？

★答えは p.56

【Q3】

信じられない光景

ロザリーは「発がん性が高く危険だから赤ちゃんには食べさせないほうがいい」と言われているものを，みんなが離乳食として与えてみるのを見てびっくりした。

どういうことだろうか？

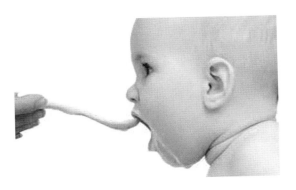

難易度　★★★☆☆

ロザリーは（本当は危険じゃないのに危険だという）迷信を信じていた？
——いいえ，違います。

「みんな」はその危険性を理解していましたか？
——いいえ，危険だとは思っていません。

その食べ物は大人も食べますか？
——はい，食べます。

ヒント

・「ロザリー」は誰で，「みんな」とは誰のことでしょうか？
・「ロザリー」はある国に来て驚きました。

★答えは p.58

 nocobon 【Q4】

どうしてこうなった

ある調査の結果，雑誌Ａのほうが雑誌Ｂよりも読んでいる人が多いことが明らかになった。ところが出版部数をみると，ＢのほうがＡの何倍も売れている。

どういうことだろうか？

難易度　★★☆☆☆

B には付録がついていて，そのために読まないけれど買っている人が多い
からですか？

——いいえ，違います。

A は回し読みされているからですか？

——いいえ，違います。

ヒント

・二つの雑誌それぞれの「内容」を考えてみよう。

・「ある調査」はどんな方法の調査だろうか？

★答えは p.60

【Q5】

壊れやすい洗濯機

「洗濯機がすぐ壊れる」という苦情が相次いだ。

担当者はその故障理由を知って愕然とした。

それは何？

難易度 ★★☆☆☆

相次ぐ苦情の故障理由はすべて同じだった？
——はい，みんな同じ理由でした。

実際の製品に不良があったからですか？
——いいえ，違います。製品には問題ありませんでした。

ヒント

・ある特定の地域のユーザーにより，想定外の使われ方をしていました。
　それはなんでしょうか？
・思わず洗濯機で洗いたくなってしまうものとは，どんなものでしょう？

★答えは p.62

【Q6】

救世主

ブライアンには，
やらなければならないことが
ある。

それは何？

難易度　★★★☆☆

ブライアンは赤ちゃんですか？

――はい。

ブライアンは世界を救いますか？

――いいえ，世界ではなく，誰かを救います。

ブライアンでなければできないことですか？

――いい質問ですね。

　はい，ブライアンでなければできません。

ヒント

・タイトル（「救世主」）もヒントです。

・ある役目を果たすことを期待されて生まれてきました。

・ブライアンには姉がいます。

★答えは p.64

【Q7】

血は水よりも濃し

弟が死んだ。
テリーは解雇された。

なぜ？

難易度　★★☆☆☆

テリーの弟が死んだのですか？

——はい，死んだのはテリーの弟でした。

弟の死因にテリーがかかわっていますか？

——いいえ，かかわっていません。

テリーと弟は同じ会社で働いていましたか？

——関係ありません（答えには書かれていません）。

ヒント

・タイトルが大きなヒントです（写真は関係ありません）。

・弟の死因は？

★答えは p.66

美しい橋

大きな公園までの道に,
きれいな橋ができた。

僕は公園に行けなくなった。

なぜ？

難易度　★★★★☆

公園がなくなったからですか？
——いいえ，公園はなくなっていません。

行けなくなったのは「僕」だけですか？
——いいえ，同じように行けなくなった人がいます。

橋を渡るのは有料ですか？
——関係ありません。

ヒント

・「僕」は普段どのようにして公園に行っていたのだろうか？
・写真もヒントです。

★答えは p.68

配慮した人びと

ある寒い日，
7人は死んだ。

なぜ？

難易度　★★★★★

「寒い日」というのは関係ありますか？

──はい，関係はあります。

　　ただ，寒さは直接の死因ではありません。

７人の死因は，同じ理由ですか？

──よい質問ですね。

　　はい，７人は同じ理由で死んでしまいました。

「配慮した人びと」とは，死んだ７人のことですか？

──いいえ，違います。ストーリーとして「配慮した」ことは重要なポイントですが，答えを当てるうえでは考慮しなくても OK です。

ヒント

・７人は全員同じ場所にいて死亡しました。その場所とは？

・寒い日に，何かが起こりました。

★答えは p.70

【Q10】

残された酸素ボンベ

メアリーは，検査のため病院
の検査室で横になっていた。

いざ検査が始まると，
メアリーは死んでしまった。

なぜ？

難易度　★★★★★

メアリーは病気でしたか？

──はい。

メアリーの病気と死因とは関係ありますか？

──いいえ，死因には直接関係していません。

タイトルは関係ありますか？

──よい質問ですね。関係しています。

ヒント

・メアリーの死因を考えてみよう。
・検査が始まらなければ，メアリーは死にませんでした。

★答えは p.72

解 答・解 説 編

【例題（☞p.29）の答え】

その化学物質
=H_2O（水）だから

厚生労働省が発表した平成27年の人口動態統計年報によれば，「不慮の溺死及び溺水」による死者は，年間7,484名となっており，不慮の事故による死亡の死因第2位（1位は「不慮の窒息」で，9,356名）となっている。しかしながら，水を規制することは人類の生存のためにはできない。

> Keyword　　　　思い込み

［本例題を使った実践の例］ ☞ p.77, 87, 91, 95, 98

【例題】に関する補足情報

「化学物質」という言葉への思い込みを利用した問題です。

「化学物質」という言葉に引っかからずに考えることができるかがポイントとなります。有名な DHMO ジョーク[1] が元ネタとなっているため，学生／生徒によっては瞬殺（即答）される可能性があります。その一方で，即答されなかった場合は非常に高い達成感と納得感が得られるカードです。一つめの例題として用いることで，nocobon のルールを理解できるほか，当該対象集団の科学リテラシーレベルを推測するのに適したデモンストレーション用問題です。

1）「水」を「DHMO, dihydrogen monoxide」と表現し，その一面的な事実だけをあげることで，DHMO があたかも規制すべき恐ろしい化学物質であるかのような印象を聞き手に与えたのちに，「それは水だよ」とネタばらしをするジョーク。DHMO の名称は，1990年にカリフォルニア大学サンタクルーズ校のルームメイトだったエリック・レヒナーとラース・ノーフェン，マシュー・カウフマンらによって考えられた。さらに 1994 年に同校の学生だったクレイグ・ジャクソンによって改訂され，DHMO についての最初のジョークサイト「DHMO.org」〈http://www.dhmo.org/facts.html（最終閲覧日：2019年 5 月 14 日）〉がつくられた。その後，1997 年にアメリカ合衆国アイダホ州の当時 14歳の中学生だったネイサン・ゾナーが「人間はいかにだまされやすいか？（How gullible are we?）」という調査に用いたことがきっかけで世界中に広まったとされる。

【Q1（☞p.31）の答え】

山田くんの SNS が炎上した際，山田くんが書いた過去の投稿から「鈴木先生が勝手に授業を休講にしていた」ことが発覚したため。

山田くんが海で伊勢エビを捕った写真を SNS にアップロードしたところ，密漁であったことや，彼がそのほかにも不適切な行為をしていることが判明し停学となった。山田くんのゼミ教員である鈴木先生はこの件では指導責任を問われなかった。ところが山田くんの SNS アカウントの投稿ログを有志がたどった際に，「今日も鈴木先生の授業は休講でラッキー」といったような投稿が見つかり，鈴木先生が授業を勝手に休講にしていたことが判明してしまった。このため，鈴木先生は教授会で怒られることになった。ある大学で起きた，ウソのような本当の話である。

Keyword　　　情報リテラシー，職業倫理

［Q1 が登場する実践例など］ ☞ p.77, 81, 91, 95, 98

【Q1】に関する補足情報

いわゆる「バカッター」問題から出発して，思わぬところに飛び火した実例をもとに
した出題です。この問題は特別な専門知識を必要としないことに加え，論理的な思考
だけでは正解にたどり着けないため，「水平思考を使って本当にあったストーリーを
当てる」という nocobon らしさをデモンストレーションするための例題に適してい
ます。

【Q2 (☞p.33) の答え】

太郎くんが言う「PM2.5 を吸いに行く」とは，「森林浴に行く」ことだったから。

いわゆる「森の香り」として知られるフィトンチッド（phytoncide）は，木が放出する揮発性化学物質であり，PM2.5 の一種である。

PM2.5 とは「粒径 2.5 μm 以下の粒子状物質のこと」を意味する定義でしかなく，すべての PM2.5 が必ず健康被害をもたらすというものではない。

なお現在，健康被害をもたらすものとして問題視されている PM2.5 は，燃料燃焼によって排出される硫黄酸化物や窒素酸化物で構成された PM2.5 のことである。

Keyword　　　思い込み，用語の定義

［Q2 が登場する実践例など］　☞ p.78, 81, 91, 95, 98

【Q2】に関する補足情報

ゲームとしては，理由（森の香りも PM2.5 の一種であるということ）がわからなくて
も，「森林浴に行くこと」を言い当てられれば OK です。その場合，「正解」と言われ
ても「え？　どういうこと？？」という反応がかえってくることが予想されます。そ
こで，じつは PM2.5 ＝大気汚染物質というのは単なる思い込みであるということをネ
タばらしするとよいでしょう。また，PM2.5 の定義を知っていても，太郎くんがどこ
に行こうとしているかを当てるためには水平思考的な質問が必要となる，nocobon ら
しい問題です。
「そうだったの!?」と驚く学生や生徒が多く，「ほかにも思い込みで定義を勘違いして
いるのがありそう」と，パイロット授業でも人気のある問題の一つとなっています。

人は思い込みで議論してしまいがちであり，「定義」をおさえないままの議論はすれ違
う原因であるということ，またこうした誤解は「科学」にかかわるネタだけにかぎら
ず，じつは身の回りに溢れていることへの気づきを促すことができます。

▶**もう少し詳しく知りたい人のための参考文献**

村上道夫・永井孝志・小野恭子・岸本充生（2014）．『基準値のからくり──安全はこう
　　　して数字になった』講談社

【Q3 (☞p.35) の答え】

欧州から日本にきたロザリーは，日本であたりまえのように赤ちゃんに「おかゆ」を与えている光景を見てビックリした。

じつはお米には発がん性のある無機態ヒ素が多く含まれており，その含有量は一般的な発がん性物質の規制基準値の100倍以上である。
そのため欧米諸国では乳幼児の離乳食として「おかゆ」を食べさせることは危険だといわれている。しかしながら日本はお米が主食であり，お米が危険だとは考えられていない。文化・場所が異なれば，許容されるリスクが変わる好例である。

Keyword	基準値，リスク

［Q3 が登場する実践例など］☞ p.78, 91, 95, 98

【Q3】に関する補足情報

リスクとは何か，身の回りにあるさまざまな基準値が実際にはどのように決められているのかを考えるきっかけにできる問題です。なおリスク（Risk）は，国際標準化機構（略称 ISO）規格の ISO310000; ISO Guide 73:2009 で「目的に対して不確かさが与える影響（effect of uncertainty on objectives）」と定義されています。この定義の特徴として，プラスもマイナスもない中立的な表現となっていること，またリスクの本質は不確かさにあることがあげられます。

さらに「安全性（Safety）」は，ISO/IEC Guide 51: 2014 で「許容可能でないリスクがないこと（freedom from not tolerable risk）」と定義されています。これは，ゼロ・リスクの追求は現実的な安全追求ではないという考えにもとづいているほか，科学的合理性だけでなく，科学の不確実性や科学以外の要素（社会的，政治的，文化的，心理的要素）も含めて，総合的にリスク判断すべきであるとの考えにもとづいています。

現代社会におけるリスクの特徴として，ドイツの社会学者ウルリヒ・ベックは，複雑かつ予見困難であり，またその配分が不均衡になされる点等を指摘しています（ベック 1998）。

▶もう少し詳しく知りたい人のための参考文献

平川秀幸・土田昭司・土屋智子／「環境リスク管理のための人材養成」プログラム［編］
　（2011）．『リスクコミュニケーション論』大阪大学出版会

フィッシュホフ, B.・カドバニー, J.／中谷内一也［訳］（2015）．『リスク——不確実性の
　中での意思決定』丸善出版

ベック, U.／東　廉・伊藤美登里［訳］（1998）．『危険社会——新しい近代への道』法政
　大学出版局

村上道夫・永井孝志・小野恭子・岸本充生（2014）．『基準値のからくり——安全はこう
　して数字になった』講談社

【Q4（☞p.37）の答え】

この調査は戸別訪問によっておこなわれた。
雑誌A＝知識層を主な読者とする総合雑誌，雑誌B＝娯楽雑誌であったことから，多くの回答者が「上品ぶったウソ」をついた。

本調査は，国中のあらゆる種類の人たちの構成比を考慮したランダムサンプリングによって，統計的に十分な数を対象に実施されており，サンプリングの偏りはなかった。にもかかわらず，調査結果と実際の発行部数が大きく異なっている理由は，調査の方法が適切ではなかった，つまりこの調査が対面での戸別調査だったために，「多くの回答者がウソをついていた」からである。
こうした調査にあたっては対面での質問による調査は適切ではなく，発行部数を確認するか，あるいは戸別訪問した際に，「お宅の古雑誌を買い取りたい」といったほうが，より実態にあった結果が得られただろう。

> **Keyword**　　統計のウソ，回答者バイアス

［Q4が登場する実践例など］☞ p.91, 95, 98

【Q4】に関する補足情報

インタビュー，アンケート調査などの社会調査データのなかには，さまざまなバイアスが潜んでいます。どんな目的で，いつ，どのような対象に対して，どのような方法で収集されたデータなのか，またどのような分析・加工がなされているのかなど，私たちの身の回りに溢れている数字に惑わされないためのデータリテラシーについて考えるきっかけにできる問題です。

▶もう少し詳しく知りたい人のための参考文献

神永正博（2011）．『ウソを見破る統計学——退屈させない統計入門』講談社
谷岡一郎（2000）．『「社会調査」のウソ——リサーチ・リテラシーのすすめ』文藝春秋
ハフ，D.／高木秀玄［訳］（1968）．『統計でウソをつく法——数式を使わない統計学入門』
　　講談社

【Q5 (☞p.39) の答え】

土がついたままのジャガイモを洗濯機に入れて
洗っていたため。

世界的な家電ブランドであるハイアール（Haier）が中国
の農村部で実際に展開しているジャガイモ洗濯機の開発
エピソードである。

農村部のユーザーから「ジャガイモを入れたら洗濯機が
壊れた」との苦情が相次いだ。そこでハイアールはジャ
ガイモ洗濯機を開発し販売したところ，瞬く間に大ヒッ
ト商品となった。

どんな製品・技術が受け入れられるかは，ローカルな文
化やユーザーの行動と深いかかわりがあるということを
示す有名なイノベーション事例の一つである。

Keyword　イノベーション，文化・習慣，ユーザー研究

[Q5が登場する実践例など] ☞ p.87, 91, 95, 98

【Q5】に関する補足情報

日本では「イノベーション＝〈技術革新〉」と誤解されがちですが，それだけではないことを示す好事例です。ユーザー研究やデザイン研究ともかかわりの深いイノベーション事例であり，技術開発が決して「理系」だけのものではなく，たとえば社会学や文化人類学などで用いられるエスノメソドロジーといった「文系」の手法ともかかわりが深いことを紹介することができます。

nocobon は事件や事故の事例から問題を作成しているものが多く，比較的重い／シビアなテーマが多いことから，一種の清涼剤としての役割も期待されるカードです。

なおハイアール（Haier）は，中華人民共和国山東省青島市を本拠地とするグローバル家電ブランドであり，ユーロモニター・インターナショナルの「Global Major Appliances 2018 Brand ランキング」において，冷蔵庫や洗濯機といった大型白物家電のブランド別世界販売台数シェアで 10 年連続の世界トップとなっています。

▶もう少し詳しく知りたい人のための**参考文献**

野中郁次郎・徐　方啓・金　顕哲（2013）．『アジア最強の経営を考える──世界を席巻する日中韓企業の戦い方』ダイヤモンド社

水川喜文・秋谷直矩・五十嵐素子［編］（2017）．『ワークプレイス・スタディーズ──はたらくことのエスノメソドロジー』ハーベスト社

【Q6 （☞p.41）の答え】

ブライアンは，姉を救うため，1歳になったら骨髄移植のドナーとなることが決まっている。

ブライアンの姉は，生まれつき赤血球をうまくつくれない難病を抱えていた。それは命にかかわる重い病気だった。有効な治療法は骨髄移植のみ。しかしながら，両親含め血縁者には骨髄移植が可能な白血球の型をもった人は誰もいなかった。
そこで両親は，複数の体外受精卵をつくって，骨髄移植のドナーに適した受精卵を選んで妊娠，出産することを決意した。そうして生まれた子どもがブライアンである。

このように移植が必要な難病の兄や姉を救うために生まれた子どものことを「救世主兄弟」という。2000年にアメリカで初めて誕生し，世界ではこれまでに数百人が誕生しているとされる。

Keyword　　救世主兄弟，着床前診断，生命倫理

［Q6が登場する実践例など］　☞ p.78, 91, 95, 98

【Q6】に関する補足情報

着床前診断による受精卵の選別を伴うことや，臓器移植を望まれて生まれてくること
などから，「いのち」とは何かについての議論の入り口となる問題です。問題文の写真
の赤ちゃんのかわいらしさと解答のシリアスさのギャップからか，パイロット授業で
はこの問題が最も印象に残ったという学生が多いのも特徴です。

議論をする際には，一般論として考えるだけでなく，自分が親の立場だったら，救世
主兄弟だったら，病気の兄姉だったらなど，さまざまな立場に立って考えることが必
要となります。

さらに「病気を避ける」だけでなく，「機能を強化する（エンハンスメント）」に関する
議論も紹介することで，優生学／新優生学の議論にもつなげて考えることができます。
ほかにも，デザイナーベビーなどが技術的にいよいよ現実味を帯びているなか，日本
ではこの手の問題に関する法的な議論がいっさい進んでいないこと，そのことによっ
て想定される問題など，さまざまな議論の広げ方ができます。

▶もう少し詳しく知りたい人のための参考文献

島薗　進（2016）．『いのちを"つくって"もいいですか？——生命科学のジレンマを考
　　える哲学講義』NHK 出版
霜田　求（2009）．「「救いの弟妹」か「スペア部品」か——「ドナー・ベビー」の倫理学
　　的考察」『医療・生命と倫理・社会』8, 17-27.
長神風二（2010）．『予定不調和——サイエンスがひらく，もう一つの世界』ディスカヴ
　　ァー・トゥエンティワン

▶もう少し詳しく知りたい人のための映像作品

カサヴェテス, N.［監督］（2009・アメリカ）．『私の中のあなた』ニュー・ライン・シネ
　　マ（原作・小説：ピコー, J.／川副智子［訳］（2009）．『私の中のあなた　上・下』
　　早川書房）

【Q7 (☞p.43) の答え】

弟の死因となった病気になるリスクが高い遺伝子をテリーももっていることを，テリーの雇用主が知ったため。

米国のある管理会社に勤務していた男性は，弟が遺伝性の呼吸不完全症の病気に罹って死んだことをきっかけに遺伝子診断を受け，ハイリスクな遺伝子を彼も引き継いでいることが発見された。

会社の上司がそのことを知り，彼は弁解するまもなくその場で解雇されてしまった。米国では会社が労働者に保険を支払う自家保険のケースが多い。つまりハイリスク遺伝子をもった従業員の存在は，会社にとって保険上のリスクだったのである。

1999 年に実際にあったアメリカにおける有名な遺伝子差別の事例である。日本でも生命保険各社が遺伝子情報を保険サービスに活用する検討に入っており，こうした遺伝子差別の問題は決して対岸の火事ではない。

> **Keyword**　　　　遺伝子差別

［Q7 が登場する実践例など］ ☞ p.82, 91, 95, 98

【Q7】に関する補足情報

「海外だから関係ない」となってしまわないよう，特に注意すべき問題の一つです。日本の話題として，たとえば 2017 年 11 月に日本生命保険が販売する生命保険の契約内容を示した約款に遺伝に関する記載があり問題となったこと（『東京新聞』2017 年 11 月 14 日朝刊 2)）や，2016 年に明治安田生命が保険に遺伝情報を活用する検討に入ったと報道されていること（『毎日新聞』2016 年 4 月 2 日東京朝刊 3)）などを紹介するとよいでしょう。

ほかにも，IT 大手がすでに遺伝子検査ビジネスに参入していますが，日本には遺伝子差別禁止法が存在しておらず，遺伝子差別への問題意識の低さが問題視されています。2000 年頃に保険業界での遺伝情報の利用について議論があったものの，その後議論が途絶えてしまっていたことから，専門家からは，今後のゲノム（全遺伝情報）を活用した医療の普及に向け，個人の遺伝情報を適切に扱うために社会全体で議論を再開すべきだと指摘されています。

▶もう少し詳しく知りたい人のための参考文献

大西睦子（2015）．「【第 4 回】遺伝子で開ける未来の光と影——遺伝情報によって雇用や保険で差別が起こる?! 予防・対応が進む先進諸国に対し遅れる日本」〈http://diamond.jp/articles/-/68905（最終閲覧日：2019 年 6 月 7 日）〉

神里彩子・武藤香織［編］（2015）．『医学・生命科学の研究倫理ハンドブック』東京大学出版会

小椋宗一郎（2013）．「遺伝子差別」シリーズ生命倫理学編集委員会［編］玉井真理子・松田　純［責任編集］『遺伝子と医療』丸善出版，pp.143–167.

産業構造審議会化学・バイオ部会個人遺伝情報保護小委員会（第 5 回）（2004）．「個人遺伝情報に関連した事業や，生じた問題——海外事例」〈http://www.meti.go.jp/committee/downloadfiles/g41001a21j.pdf（最終閲覧日：2019 年 6 月 7 日）〉

---

2) http://www.tokyo-np.co.jp/article/economics/list/201711/CK2017111402000114.html（最終閲覧日：2018 年 1 月 9 日）

3) https://mainichi.jp/articles/20160402/ddm/001/020/186000c（最終閲覧日：2018 年 1 月 9 日参照）

【Q8（☞p.45）の答え】

新しく建設された高架橋が低かったため，それまで「僕」が公園に行くときに乗っていたバスは高架橋の下をくぐることができず，バス以外の交通手段をもたない「僕」は公園に行けなくなってしまった。

ニューヨークからロングアイランドへ至る公園道路の設計を担当したロバート・モーゼスは黒人差別主義者だった。モーゼスは，車を所有できず公共交通機関であるバスを使わなければ公園に行けない貧しい黒人を公園から締め出すために，高架橋の高さを，普通車がくぐるに十分だがバスがくぐるには低すぎる高さにわざとデザインしたのである。

このような特定の人を排除するために設計されたものを「排除デザイン」という。この事例は 1960 年代のアメリカの話だが，現在の日本にも「排除デザイン」は多数存在している。たとえば，公園や駅の長ベンチの手すりなど，ホームレスに対する「排除デザイン」がその一例である。

Keyword	人工物の政治性，排除デザイン

［Q8 が登場する実践例など］ ☞ p.85, 91, 95, 98

【Q8】に関する補足情報

「僕が行けなくなった」ことと「橋のデザイン」がどのように関係しているのかを考えるうえで，「人工物のもつ政治性」（このケースの場合は，高い通行料をとったり，強制的に締め出したりといったわかりやすい排除ではなく，表面上は街の景観やデザインの美しさなどを追求しているようで，じつは特定の人を排除するデザインにあえてしたという怖さ）に気づけるか，がポイントとなっている問題です。

この問題は，プレイをした生徒／学生に「1960年代という，はるか昔のアメリカでの話であり，今の日本に生きる自分たちには関係がない」という誤解を生じさせる可能性があります。そこで解説する際には，排除デザインは決して遠い世界の話ではなく，今の自分たちの身の回りにもたくさんあるということを忘れずに補足するようにしてください。

また，本問を出発点に，「排除」とは対照的な，すべての人びとが社会参加できるための「インクルーシブデザイン」へと議論を発展させることもできます。

▶もう少し詳しく知りたい人のための参考文献

カセム, J.［編著］／平井康之・塩瀬隆之・森下静香［編］(2014).『インクルーシブデザイン──社会の課題を解決する参加型デザイン』学芸出版社

Caro, R. A. (1975). *The power broker: Robert Moses and the fall of New York*. New York: Vintage; n Later printing edition.

Winner, L. (1986). *The whale and the reactor: A search for limits in an age of high technology*. Chicago: University of Chicago Press. (ウィナー, L.／吉岡　斉・若松征男［訳］(2000).『鯨と原子炉──技術の限界を求めて』紀伊國屋書店)

【Q9 (☞p.47) の答え】

ある寒い日，打ち上げられたスペースシャトルが発射直後に大爆発し，乗組員 7 名全員が死亡した。

1986 年 1 月 28 日，TV 中継で全世界の人びとが見守るなか，NASA のスペースシャトル・チャレンジャー号が発射直後に大爆発を起こした。低温による部品不良が原因だった。

信じられないことに打ち上げの 9 年前から，低温で部品不良が起き重大事故につながるリスクがあることがわかっていた。しかしながら，部品を代えようとするとほかにも大きな設計変更が必要になってしまう。ただでさえ遅れている計画をこれ以上遅らせられないといった経営的事情が配慮され，部品不良はそのまま 9 年間も放置されてしまっていた。

その結果，あろうことか部品不良が発生する確率が高いとても寒い日にスペースシャトルが打ち上げられてしまったのである。

巨大プロジェクトにおける集団的意思決定の難しさを示す有名な事例として知られる。

> **Keyword**　　集団浅慮，ノーマル・アクシデント

[Q9 が登場する実践例など] ☞ p.85, 91, 95, 98

【Q9】に関する補足情報

ゲームの答えとしては，「寒さで部品が壊れて，スペースシャトルが爆発した」でも
OK です。簡潔な問題文から宇宙開発での歴史的大事故にたどり着くことから，水平
思考パズルの醍醐味を味わえる問題の一つです。
技術者教育や失敗学などで，単なる技術者倫理の問題だけでなく，「グループシンク
（集団浅慮）」（Janis 1982）や「構造災」（松本 2012），「ノーマル・アクシデント」
（Perrow 1999）という観点からも取り上げられることの多い事例です。グループシン
クとは，社会心理学者のアーヴィング・ジャニスが提唱した概念で，集団でものごと
を協議する場合に集団内の意見の一致を優先させてしまうために不合理や危険な意思
決定が認められる集団思考の罠に陥りやすいことが指摘されています。

▶もう少し詳しく知りたい人のための参考文献

佐藤　靖（2014）.『NASA——宇宙開発の 60 年』中央公論新社
失敗学会（n.d.）「失敗知識データベース：失敗事例 航空・宇宙　スペースシャトル・チ
　　ャレンジャー号の爆発（1986 年）」〈http://www.shippai.org/fkd/hf/HA0000639.pdf
　　（最終閲覧日：2018 年 1 月 9 日）〉
ファインマン, R. P.／大貫昌子［訳］（2001）.「ファインマン氏，ワシントンにいく——
　　チャレンジャー号爆発事故調査のいきさつ」『困ります，ファインマンさん』岩波書
　　店，pp.159–322.
ファインマン, R. P.／大貫昌子・江沢　洋［訳］（2009）.「リチャード・P. ファインマン
　　によるスペースシャトル「チャレンジャー号」事故少数派調査報告」『聞かせてよ，
　　ファインマンさん』岩波書店，pp.167–198.
松本三和夫（2012）.『構造災——科学技術社会に潜む危機』岩波書店
Esser, J. K., & Lindoerfer, J. S. (1989). Groupthink and the space shuttle Challenger
　　accident: Toward a quantitative case analysis. *Journal of Behavioral Decision
　　Making, 2*(3), 167–177.
Janis, I. L. (1982). *Groupthink: Psychological studies of policy decisions and fiascoes* (2nd
　　ed.). Boston, MA: Houghton Mifflin.
Perrow, C. (1999). *Normal accidents: living with high-risk technologies: With a new
　　afterword and a postscript on the Y2K problem.* Princeton, NJ: Princeton University
　　Press.

【Q10 （☞p.49）の答え】

酸素ボンベが MRI の発する強力な磁力で引き寄せられ，MRI 検査中の少女メアリーの頭に勢いよく直撃した。その結果，メアリーは打撲による脳出血のため死亡した。

6歳の少女メアリーは，脳腫瘍の摘出手術後，検査のために磁気共鳴映像法（MRI）にかけられた。術後の経過は順調で何の問題もなかったが，いざ検査が始まると，MRI 装置の側に固定されずに放置されていた金属製の酸素ボンベが，MRI の発する強力な磁力で引き寄せられてしまった。

2001 年にニューヨークで実際に起こった事故である。MRI 検査室に金属製品を持ち込むことは固く禁止されているにもかかわらず，日本でも不注意による MRI 事故は後を絶たない。

技術を使うのは，結局は人であるということを忘れてはならない。

> **Keyword**　　安全管理，ヒューマンファクター

［Q10 が登場する実践例など］ ☞ p.78, 91, 95, 98

【Q10】に関する補足情報

明示されていない断片的なヒント（写真／タイトル）から，水平思考でどこまで選択肢を絞っていけるのか，その際，「まさかそんなことは起こらないだろう」という思い込みをどこまで排除できるのか等がポイントとなっています。
水平思考でどんどん謎解きが進んでいくことや答えの納得感，衝撃度などから，nocobon をプレイした学生や生徒に常に人気の高いカードの一つです。ゲームの答えとしては，MRI という単語が出てこなくても「酸素ボンベが磁力で吹っ飛んできて頭にあたって死んでしまった」で OK です。
MRI 検査時のこのような事故は，技術者教育や医療関係ではよく知られた事例です。事故が多発しているにもかかわらず簡単なヒューマンエラーをゼロにできないという現実から，最先端技術も結局はそれを扱うのは人である，ということについて考えることができます。本事例から，技術利用における安全管理の難しさ，事故発生時の対応を考えておくこと，さらには「人」に原因や解決を求めないシステム構築／思考の重要性などについての議論につなげることができます。

▶もう少し詳しく知りたい人のための参考文献

中尾政之（2005）.『失敗百選──41 の原因から未来の失敗を予測する』森北出版（参考　失敗知識データベース＞失敗事例＞シナリオ＞事例名称：核磁気共鳴法での不注意でボンベが頭にあたり患者が死亡〈http://www.shippai.org/fkd/cf/CA0000257.html（最終閲覧日：2018 年 1 月 9 日)〉）

実 践 編

nocobonを活用しよう！

実践編では，nocobon を使った授業のデザイン例とその具体的な実践について紹介していきます。実践編には nocobon の主目的である「科学技術と社会について考えるため」の実践と，nocobon を通じて「身近な社会や自分の専門を新しい視点で見るため」の実践の二つが含まれています。本章ではまずはアクティブラーニング教材として nocobon を使用する場合に，どのようなテーマでも活用できる基本的な授業の流れの例を以下に示します。

実践編では，授業意図を解説する性質上，問題編に収録されている問題の答えに言及している箇所があります。先に問題編に取り組んでから読まれることをおすすめします。

第1節　基本の授業デザイン

■ nocobon で遊んでみよう

　nocobon は適切なカードを選択してゲームを実施し，その後の「振り返り」や「まとめ」を工夫することで「科学技術と社会について考える」ことだけでなく，「身近な社会や自分の専門を新しい視点でみる」ことや「思考法のトレーニング」などさまざまな用途に活用することができます。まずは nocobon で遊び，それについて振り返ることで学ぶ授業の基本デザインを紹介します（表5-1）。

表5-1　「nocobon で遊んでみよう」の授業デザイン

想定所要時間	50 分
クラス規模	40 人（5 人 × 8 グループ）
準備物	nocobon4 枚を 8 セット

	内　　容	時間配分（目安）
1	アイスブレイク	10 分
2	デモンストレーション	8 分
3	nocobon のプレイ	20 分
4	振り返り	10 分
5	まとめ	2 分

1）アイスブレイク：ルールに慣れよう！（10分）

　nocobon のルールに慣れるためのアイスブレイクです。「はい」か「いいえ」で答えられる質問をして，グループメンバーの趣味などを当てることをめざします。授業時間やテーマによってはここを省くことやほかのアイスブレイクをおこなうことも可能です。

- 最初の出題者を決めます（最終的には全員が出題者を担当します）
- 出題者は以下の三つのなかからテーマと答えを決めます（三つのテーマは，プレイヤーに合わせて適宜変更してください）

　（例：テーマ：「趣味」「サークル」「アルバイト」；テーマ→「趣味」，答え→「テニス」）

- 解答者は「はい」か「いいえ」で答えられる質問をします。答えがわかったら答えを宣言しましょう！　当たったら次の人が出題者になります。間違っていた場合には質問をつづけます。もし２分経過しても答えが出なかった場合は，その時点で答えを公開して次の人に代わってください。
- 全員が出題者をするまでつづけ，早く終了したチームが勝ちです！　グループの人数が違う場合には，誰かが２回出題者を担当するなどして問題数を揃えましょう。

2）デモンストレーション（8分）

　プレイヤーが質問に慣れたら，教員が出題者となって例題のデモンストレーションをしましょう。オススメの例題は，「殺人物質」（問題☞ p.29，答え☞ p.52）です。この問題は知識がある場合にはすぐに解かれてしまう可能性がありますので，もしすぐに解かれてしまった場合は，二つめの例題として，Q1「エビをとると…？」（問題☞ p.31，答え☞ p.54）を実施するとよいでしょう。Q1 は初見ですぐに答えを当てられることはまずありません。

　学習者の性格などによっては「nocobon の答えが論理的に一つに絞れず，ほかにもありえる」ということが気になってしまうことがあります。そういった場合は，nocobon では「論理的にありえる答え」ではなく，あくまでもカードの裏に書かれている実際にあったストーリーを当てることをめざすゲームであることを補足するようにしてください。また，nocobon のゲームとしての正解は一つですが，実社会

では何が正解かわかりません。振り返りの際などに，nocobon の答えとしては不正解だが発想としてはとてもおもしろく，「それもアリかも！」という解答をした人には拍手を送るなど，発想の多様性を否定しないようなフォローも忘れないようにしてください。

3）nocobon のプレイ（20 分）

各グループ，出題者を交代しながら nocobon を実施します。カード 1 枚あたりの所要時間は，5 分程度が目安です。使用するカードは授業内容に応じて選んでいただければと思いますが，たとえば「科学技術と社会について考えること」を目的にする場合には以下の 4 枚を準備するとよいでしょう。

> Q2「不健康志願者？」（問題☞ p.33，答え☞ p.56）
> Q3「信じられない光景」（問題☞ p.35，答え☞ p.58）
> Q6「救世主」（問題☞ p.41，答え☞ p.64）
> Q10「残された酸素ボンベ」（問題☞ p.49，答え☞ p.72）

ゲーム中に，「この問題は知識がないと解けない」「科学に関する知識がないから解けるわけがない」といったリアクションが参加者から出る場合があります。nocobon は，後述する実践例にもあるとおり，適切な質問力と発想力があれば中学生でも正解することができることがわかっています。このようなリアクションがプレイヤーからみられた場合には，ほとんどの問題は特別な知識なしでも解けるようになっていることを確認してください。

また出題者によっては裏面に書かれていることを「完璧に当てる」まで正答にしない，といったケースがみられます。この場合には回答者が「だいたい当たっている」ところまでできたら正解にするようにということを確認してください。たとえば，Q1「エビをとると…？」であれば，「鈴木先生が授業を勝手にさぼっていた」ことまでを当てるのは非常に困難ですので，「エビの密漁にはまったく関係のない鈴木先生の悪行が，山田くんの SNS 炎上によって明らかになった」ことまでがわかればよいと思います。

4）振り返り（10 分）

授業テーマに合わせた振り返りを実施します。たとえば「科学技術と社会につい

て考えること」をめざした授業であれば，問題を見たときに何を感じたか，問題が実話であることを知ってどのようなことを考えたのか，科学と社会について何を考えたのか，などの振り返りをおこないます。

例）nocobon をプレイしているとき……
①……問題を最初見たときどう思いましたか？
②……解答が実話であると知って驚いた問題はありましたか？
③……科学と社会の関係について何か感じたことはありましたか？

❶個人で考えてみましょう（1分）
❷グループでシェアしてみましょう（5分）
❸クラスで共有しよう（いくつかのグループをあてる）（4分）

5）ま と め

最後に，教員によるまとめ（振り返りに対するフィードバック）をおこないます。ここで想定されるフィードバックとして，たとえば「科学技術と社会について考えること」をめざした授業の場合には，以下のようなものが考えられます。

・カードに書かれている問題は遠い世界の話でなく，日本でも起きうることがあるかもしれないこと
・日々開発されている新しい技術によって，まだ見ぬ問題が発生する可能性があること

これが nocobon を用いた基本的な授業構成の一例です。大学での授業の場合には，ゲーム時間を長くとったり，ゲーム後の振り返りの時間にテーマを決めてグループディスカッションをおこなったりすることで十分に対応することができます。

6）参考例：ジグソー形式

実施するプレイヤーの学齢などによっては，裏の解説を読んだだけでは「出題者」になることが難しいことも考えられます。1グループだけで実施する場合は教員がそばについてフォローをすることができますが，複数グループで実施する場合は対

応が困難です。

　その場合は，nocobon のプレイを始める前に，たとえば以下のジグソー形式を取り入れるなどして，出題者のための学習時間を設けるとよいでしょう。

	[例] ジグソー形式を取り入れる
1	実施グループ内でそれぞれがどのカードを出題するかを決める。
2	同じカードを出題する人同士で集まる（出題グループ）。 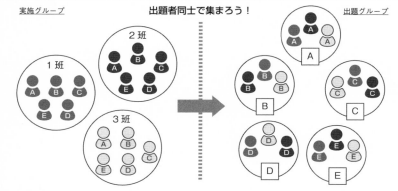
3	出題グループ内で，出題するカードの裏の答えと解説を読んで理解する。 →わからないことや，どこまで当たれば OK とするのかなどについて話し，教員／TA に質問および確認するよう伝える。 **カードを理解しよう！（10分）**　　　　　　<u>出題グループ</u> ・まずは各自で出題カードの裏の答えと解説を読もう ・どこまで当たれば OK とするのか，どんなヒントが出せるかなどについて話し合いましょう ・わからないことはどんどん教員に質問や確認をしてください。 **Are you ready?** ※実施グループに戻れば，あなたがそのカードのゲームマスターです。
4	出題グループでの理解が終わったら，再び実施グループに戻る。
5	実施グループで nocobon のプレイを始める。

※ジグソー形式を取り入れる場合は，アイスブレイクをおこなわない，2コマ使っておこなうなど，時間配分の調整が必要となります。

■ nocobon をつくってみよう

　物事を違う視点で考えてみるための取り組みとして，実際に nocobon の新しいカード（問題，答え，解説等のワンセット）をつくってみる試みがあります。表5-2 は nocobon をつくるワークショップの流れの一例です。このワークショップの前に「基本のデザイン」の形式で「まとめ」を除いた nocobon の実施をおこなっています。例では4人一組で nocobon をプレイした後，グループ内で二人ペアを2組つくり，個人ワーク→ペアワーク→グループ共有の手順でおこなっています。

1）nocobon のつくり方の説明（8分）

　nocobon のつくり方には大きく分けて三つのパターンがあります。

①**言葉の定義などの思い込みを利用したもの**（例：Q2「不健康志願者？」（問題☞ p.33，答え☞ p.56））
　PM2.5 と聞くと，普段見ているニュースから反射的に工場の排出物，中国……などが連想される。しかし，科学的な定義では，じつは PM2.5 は粒子の大きさを表す言葉であるという点を利用した問題。
②**意外な結末になったエピソードをもとにしたもの**（例：Q1「エビをとると…？」（問題☞ p.31，答え☞ p.54））
　ある大学で実際に起きた事件。学生の SNS 炎上が教授のサボりを暴くという意外な結末になったが，SNS の炎上がさまざまな余波を生み，意外なことが明らかになるという事例はよくあり，情報リテラシーを学ぶために活用で

表 5-2　「nocobon をつくってみよう」授業デザイン

想定所要時間	50分
クラス規模	40人（4人×10グループ）
準備物	メモ用紙，付箋など

内　容	時間配分（目安）
1　作り方の説明	8分
2　個人ワーク	8分
3　ペアワーク	8分
4　グループでシェア	10分
5　全体でのシェア	8分
6　振り返りとまとめ	8分

きる。

③**古典的事例や有名事例を元にしたもの（例：Q7「血は水よりも濃し」（問題☞ p.43，答え☞ p.66））**

アメリカで実際にあった遺伝子差別についての裁判事例をもとにした問題。遺伝子検査が身近になったことで，個別化医療などへの期待が高まるなか，「差別」と「プライバシー」の問題もまた危惧されるようになってきている。進展する科学技術に対して人や社会はどう向き合うのかを議論する，代表的な事例の一つ。

「科学技術と社会」の部分をほかのテーマ・分野に変更すると，いろいろな領域に関する問題をつくることができます。たとえば，データリテラシーをテーマにする場合，疑似相関やサンプルバイアスといった典型的な事例を問題にすることができます。

2）個人ワーク（8分）

自分ならどんなカードをつくるかを考えます。

説明にあった三つのつくり方を参考に，自分の身の回りの出来事や専門分野の内容でカードにできそうなことを考えます。この段階ではあまり問題の形式にとらわれずに，付箋にたくさんアイデアを書き出していきます。

3）ペアワーク（8分）

グループ内で2人組をつくりペアで話し合って，問題をつくります。

個人で考えたアイデアを紹介し合います。その後，ペアで「これは問題にできそう！」と感じるアイデアを選びます。あまり問題になりそうなアイデアが見つからなければ，引きつづきペアで付箋にアイデアを書き出します。この時点ではまだ問題の形式でなくても，「これは使えそう！」というエピソードやキーワードなどで構いません。順調なグループはアイデアを問題の形式に整える作業に進みます。

4）グループでのシェア（10分）

グループで考えた内容を共有します。

すでに問題の形式になっているペアは，つくった問題を出題します。そうでないペアはアイデアのままで共有します。アイデアを一つ共有したら，ほかのペアはそ

のアイデアに対してフィードバックをします。その後，全体に共有するアイデアを
「グループで一つ」選びます。

5）全体でのシェア（8分）

各グループから選ばれた問題やアイデアを共有します。時間に余裕があれば各グ
ループから出題して，実際に問題に取り組むのもよいでしょう。授業担当者／ファ
シリテーターはつくられたカードについてコメントします。

6）振り返りとまとめ（8分）

nocobon をつくることで得られた気づきについて振り返ります。

カードの効率的なつくり方など，カード作成のポイントではなく，「カードをつく
ることで物事を新しい見方でみることができたか」について考えさせるとよいでし
ょう。最後に授業テーマに沿って全体をまとめます。

以上が nocobon で遊ぶ・nocobon をつくる授業それぞれの基本的なデザインです。
第 2 節以降では，各学校における様々な工夫された実践を紹介します。

第 2 節　nocobon 活用事例① 文系学部の大学生が「科学技術と社会」について考えてみる

科学社会学入門「リスクコミュニケーション論」での試み

（標葉隆馬　成城大学文芸学部マスコミュニケーション学科准教授）

■ 実施目的

現代社会における「リスク」を考えるうえでは，社会システムのなかに埋め込ま
れている「リスク」の存在，そして，そのリスクが不平等に分配されうるという視
点が重要です。「リスクコミュニケーション論」の授業では現代社会のリスクをめ
ぐるさまざまな視点を扱っていますが，そのなかの一つに科学社会学的な視点があ
ります。とりわけ「人工物の政治性」や「構造災」という科学社会学の概念は，文
理問わずすべての学生に学んでほしい考え方です。

しかしながら，文系学生のなかには，科学技術に関する問題について自分で考え
ることを避ける学生もいます。そこで「リスクコミュニケーション論」授業（全15

回）の「人工物の政治性」や「構造災」といった概念を取り扱う回で，科学技術と社会にかかわる多様な視点への関心を喚起し，授業内での議論に積極的に参加できるようにするための仕掛けの一つとして，nocobon を使用しています。

■ 実施概要

次頁の表5-3を参照してください。

■ 授業をおこなうにあたっての工夫

大人数講義であること，また取り扱う概念についての議論を深めることが目的のため，nocobon を使用するにあたっては以下の工夫をしています。

- 目的に合った nocobon カード1枚のみを使用し，それに十分な時間をとるようにしています。
- 議論を学生に完全に委ねたフリーなかたちでおこなうと，授業時間内に答えにたどり着かないグループが多くなり，肝心の概念解説の時間がとれなくなるというリスクがあります。そのため，必ず教員が出題者となり，問いを何段階かに分割して実施しています（表5-3参照）。
- A3用紙（白紙）を複数枚渡し，考えたことが記録として残るよう自由に書き出させるようにしています。そのうえで，よいことが書いてあれば褒めて，その視点での議論をさらに深めていくように促しています。
- 単純な知識が問われているのではないことを示すため，グループワーク中はインターネット検索を認めています。

■ 学生の反応

nocobon は謎解き形式でありながらも，知識を問われているという印象を学生に与えにくいという特徴があります。そのためゲームに取り組むような雰囲気で，学生らは積極的にいろいろなアイデアを出してくれます。自分たちで調べながら議論を深めようとするグループもありました。また，身近な排除デザインの話に接続させることで，後日，実際に街中で排除デザインを探してみたと報告してくれる学生も多く，扱っている概念がしっかりと学生の印象に残ってくれていることを実感します。

表 5-3　nocobon 実施概要（成城大学文芸学部）

対　　象	成城大学文芸学部「リスクコミュニケーション論」授業・1–4 年生（70 名程度）
使用した カード	・「美しい橋」（人工物の政治性を扱う回で使用）（問題☞ p.45，答え☞ p.68） ・「配慮した人々」（構造災を扱う回で使用）（問題☞ p.47，答え☞ p.70）
実施の流れ	**「美しい橋」の場合（90 分授業）** **1　前回の復習** **2　nocobon 実施（30 分）** ・教員がスライドを使って出題 ※ 学生には 5–6 名のグループになってカードの表だけを印刷したものと，白紙の A3 用紙を複数枚配布。 ※「公園までの道」とは，ニューヨークのロングアイランド方面に向かう道であるということはあらかじめ提示したうえで，まずはとにかく思いついたことを書き出すように指示。 ・教員がフロアを回りながら質問に答えていく。 ・様子をみながら，まずは ①「僕」はどんな人かを特定させる。複数（三つぐらい）のグループで「僕」が「貧しい人」であることまでたどり着いたら， ②「貧しい人」はどうやって公園に行っていたのか考えさせる。公共交通機関（バス）と自家用車の違いに注目する人が出てきたら， ③自家用車は OK で，バスでは難しくなる，気づかれにくい方法は何かを考えさせる。高さ制限に気づいたグループが出れば OK！ **3　正解の開示＆鍵となる概念の解説（45 分）** ・人工物の政治性 ・排除デザイン **4　別の事例を当該概念で考えてみる（15 分）** ・阪神・淡路大震災における「奇跡の復興」 ・災害資本主義（詳細は次回授業で扱うこととし，この回では紹介のみ） **「配慮した人々」の場合（90 分授業）** **1　前回の復習** **2　nocobon 実施（30 分）** ・教員がスライドを使って出題 ※ 学生には 5–6 名のグループになってカードの表だけを印刷したものと，白紙の A3 用紙を複数枚配布。 ・教員がフロアを回りながら質問に答えていく。 ・様子をみながら，まずは ①死因を特定させる。「スペースシャトルの事故」まで辿りついたら， ②O リングの不良が問題で，9 年間も放置されたことを伝え，なぜ放置されたのかを考えさせる。コスト，プレッシャー，組織としての意思決定（必ずしも悪意から放置されたのではなく，迷惑がかからないようにといった「配慮」の結果としての側面があること）までたどり着けば OK！ **3　「正解」の開示＆鍵となる概念の解説** ・ノーマル・アクシデント ・逸脱の常態化 ・集団的意思決定 ・構造災 **4　別の事例を当該概念で考えてみる（5 分）**

■ 授業を振り返って

カード型教材となっていることで文芸学部の学生にも取っ付きやすく，科学技術がかかわっている問題も社会学的視点で考えることができることに気づくよいきっかけとなっているようです。

nocobon を導入として活用することで，まずは学生の関心を喚起し，そのうえで，nocobon の元ネタとなっている事例に関する論文やほかの事例についての解説も加えることで，大学の講義としての深みを出しています。nocobon は，この授業のようにまず関心喚起が必要な状況において有用な導入教材だと思います。

第3節　nocobon 活用事例② 中学1年生の理科で科学的思考をトレーニングする

中学校の理科教育での nocobon 活用：科学的思考のトレーニング

（鈴木克治　北海道苫小牧市立啓北中学校教諭）

■ 実施目的

中学校の理科教育における「科学技術と社会生活における課題について」の簡便な授業方法を検討しているなか，北海道大学川本思心教授の紹介で nocobon を知りました。そこで 2016 年度に前任校である北海道安平町立追分中学校の 1・2 年生を対象に nocobon を試行したところ，科学と社会についての問題に対する意欲喚起に成功しました。何より手応えがあった点は，生徒が意欲的に取り組める，誰もが安心して発言できる場をつくりやすい，論理的思考と水平的思考を組み合わせて推理するプロセスと科学的思考のトレーニングとの相性がよい，という点でした。

そこで，2017 年度から異動した現任校（北海道苫小牧市立啓北中学校）では，「根拠をもって伝える」，また「論理的に考える」という科学的思考のトレーニングとして nocobon を使った授業を実施しました。

■ 実施概要

次頁の表5-4を参照してください。

表5-4　nocobon 実施概要（北海道苫小牧市立啓北中学校）

対　象	北海道苫小牧市立啓北中学校理科1年（30名程度×4クラス計118名）
使用した カード	・「殺人物質」（問題☞ p.29，答え☞ p.52） ・「壊れやすい洗濯機」（問題☞ p.39，答え☞ p.62） ※中学生の知識でも理解できる出題内容と答えのものを選択
実施の流れ	（2問で30分　※学力テストの返却・解説後の時間を利用） 　1　目的・ルールの説明 　2　nocobon 実施（30分） 　・出　題（出題者は常に教員。） 　・質　問（10名程度の質問を受ける。） 　・答えを考える（個人→班→学級） 　　まずは自分で答えを導き，理由を記入させる。 　　班隊形になって順番に自分の考えを出し合う。 　　その後に討議して，班で一つの答えを導く。どうしても絞れないときは複数でも了承した。 　・答えと根拠を発表する 　　一つめの班から答えと根拠を発表する。同じ答えの班に挙手してもらい，根拠を発表させる（答え 　　に矛盾がある場合は，ほかの班が指摘する。反論のなかった班に対しては，教員から矛盾を指摘）。 　　正解が出なかったときは，まだ質問していない生徒10名くらいからの生徒から質問を受ける。 　　→班で考えて同様の手順で答えを出してゆく。 　3　答えの開示・解説（終わったら次の問題へ）

■ 授業をおこなうにあたっての工夫

・事前に同様の水平思考パズル形式で自己紹介クイズをしておき，nocobon の
　ルールに慣れさせておきました。
・出題にあたっては，難しい言葉の言い換え，寸劇などにより，中学生でも状
　況をイメージしやすいよう工夫しました。
・安心して質問できる場にするため，的外れだと感じる質問が実は答えに迫る
　良い質問になる場合がよくあるということを伝えました。
・クラスの全員が必ず一人1回は質問する機会を設けました。

■ 重要なポイント！

　生徒たちに質問を受ける役割（出題者）を担当させるには，課題の答えや課題を
とおして伝えたいこと（今回の授業では〈先入観〉や〈イノベーション〉）について理解
させる時間と説明が別途必要となり，あまり現実的ではありません。そのため中学
校で nocobon を活用する際には，常に教員が出題者になったほうが適切だと思われ
ます。

■ **生徒の反応**

1問目の「殺人物質」を終えるのに20分程度かかりました。裏の答えにたどり着かなかったグループもありましたが,「化学物質」という言葉に対する自分たちの先入観に気がついたようでした。生徒たちにもう一問やりたいかを聞くと「やりたい」と身を乗り出して答えました。

2問目の「壊れる洗濯機」では,解答後に「中国は何をするかわからない」「芋を洗濯機で洗うなんて理解できない」などの発言が聞かれましたが,解説でイノベーション(発想の転換や理解できないと思うことを大切にして,世界に変化をもたらすこと)について説明すると,多くの生徒が「はっ」とした表情をしていました。

▶生徒アンケートの結果

118名の生徒を対象にアンケート調査(5件法と自由記述)をおこなったところ,以下のような結果となりました。

●5件法(図5-1)

●自由記述(一部抜粋・原文ママ)

・条件を絞っていってたくさんの考えの中から矛盾などを見つけていって,答えを出すのが理科に役立つし,面白いと思った。

・班での話し合いを通して,理科に関する内容を話し合えたので良かったです。また,この話し合いから,理科の考え方がたくさんあることが分かったので良かったです。

・疑問を班で話し合うことで,いろいろな意見が出てきたりして,すごく楽しいです。これをもとにいろいろな疑問を考えてようと思いました。

・いろいろなことについて知れた。このクイズだと自分でしっかり考えれた。関係を考える事で筋道を考えれた!

■ **授業を振り返って**

「殺人物質」は,ちょうど中学1年生で「物質」を学ぶため,その定義を思い出させるなど,科学的思考のトレーニングだけでなく,「理科」の復習にもなりました。質問の仕方も,「硬いですか?」という抽象的なものから「消しゴムより硬いですか?」というようなより具体的なイメージを共有しやすいものへの変化がみられ,

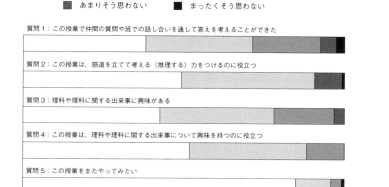

図 5-1　生徒アンケートの結果

質問力の向上も期待できると思います。社会科の同僚からも，調べ学習などにおいて，物事の見方や考え方を身につけるのに役立つと感じたとのコメントがありました。

　nocobon では「科学と社会」という，より広い視野が必要となる問題にフォーカスすることから，理科の単元で教えなければならない知識や理解と直結しているわけではありません。また実施にあたっては最低でも 15 分程度はかかることから，中学校理科においては，毎回の授業への導入には向いていないといえます。一方で，論理的思考と水平思考的な要素との絶妙なバランスが生徒の参加意欲を高めることや，誰もが安心して発言できる場をつくりやすいことから，nocobon には科学的思考のトレーニングとしてさまざまに活用できる発展性があると思います。

▶**参考文献**

鈴木克治・川本思心（2018）．「中学校の理科教育におけるトランスサイエンスを題材とした授業例の抽出」『CoSTEP 研修科年次報告書』2(5), 1–4.〈http://hdl.handle.net/2115/69403（最終閲覧日：2018 年 7 月 19 日）〉

第4節 nocobon活用事例③ スーパーサイエンスハイスクールの国語の授業で表現力を磨く

国語の授業で nocobon を活用する：良い質問と説明方法についてのトレーニング（五十嵐寿子　東京工業大学附属科学技術高等学校教諭／東京大学科学技術インタープリター養成プログラム10期生（2017年度修了）　授業担当者：江間有沙）

■ 実施目的

本節で取り上げる東京工業大学附属科学技術高等学校は，スーパーサイエンスハイスクール（SSH）に指定されているため理数系の科目が重視されがちです。しかし，現代社会においては文系／理系の枠に収まりきらない，その両者にまたがる「トランス・サイエンス」のような課題が数多く存在します。また，学生たち自身が科学技術に関するコミュニケーションをおこなうときにも，国語という教科で培う言語力，表現力が必要となります。

nocobon は国語で必要なこれらの力を実感できる教材であると考え，大学進学が決まった生徒を対象とした特別講義のなかで実施しました。また，2週目には実際に自分たちで nocobon カードをつくって発表する授業をおこないました。

■ 実施概要

次頁の表5-5を参照してください。

■ 授業をおこなうにあたっての工夫

第1週目の講義最後にその日体験したカード10問についてその成り立ちも含めて解説しました。そしてそれをヒントとして，次週までに自分たちが作成するカードの問題を考えてくるという課題を与えました。

第2週目の講義の冒頭で個人用のワークシートを配布し，自分で考えてきた nocobon カード用の問題を以下に示す4つのカテゴリーに分類してもらいました。

①思い込みを利用したもの
②意外な結末
③古典的事例をもとにしたもの
④それ以外

表 5-5　nocobon 実施概要（東京工業大学附属科学技術高等学校ほか）

対　象	高校 3 年生　27 名（進学先が決まった生徒）
使用したカード	定番 10 選と予備として追加の 5 枚セット [1]
時間帯とスケジュール	1 時間目と 2 時間目（110 分：休憩 10 分含む）を 2 週間連続で実施
実施の流れ	**第 1 週　　　nocobon をやってみる**
	1　出欠確認と本授業の目的の説明（10 分）
	2　チーム分けと nocobon の説明（15 分）
	3　nocobon の定番 10 選を実施（途中 10 分休憩をはさむ）（35 分）
	数人のチームに分かれて nocobon を実施
	4　解説およびグループディスカッション（35 分）
	5　まとめとアンケート調査への記入（15 分）
	第 2 週　　nocobon カードをつくってみる
	1　出欠確認とチーム分け，チーム名の決定（20 分）
	2　個人用ワークシート作成（10 分）
	3　隣の席の人とワークシートのシェア（10 分）
	4　チーム全体でシェアして発表用の問題を決定（20 分）
	5　休　憩
	6　チーム用ワークシートの作成，パソコンで発表用カード作成
	7　チームごとに発表（5 チーム × 5 分）（25 分）
	8　振り返り（5 分）

　次に，問題とその難易度や解答・解説，キーワード，解答の根拠を記入してもらいました。

　次に，自分の書いたワークシートの内容について隣の席の人とディスカッションしてもらいました。それから，グループごとに下記の手順で作業してもらいました。

①チーム名を決定する
②持ち寄った問題のなかから一つを選ぶ
③それを改良して個人ワークと同様の項目を記入してもらう

1）定番 10 選とは，本書収録 11 問（例題＋ Q1 ～ 10）のうち，Q9 を除く 10 問である。追加 5 枚セットは Q9 および本書に収録していないものの，巻末のダウンロードリンクからダウンロードできる電子データには含まれている nocobon カード 4 枚からなるセットである。

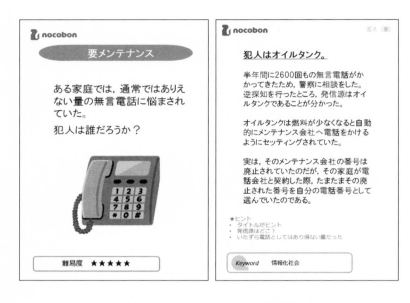

図 5-2　生徒たち（チーム名：山田くんの蟹）が制作したカード

　チームでの作業の際，インターネットで情報を調べ，事実確認をするよう推奨しました。上記の①～③が終わったら，パソコンでパワーポイントを使ってカードを作成してもらいました。スライドでは，1枚目にチーム名とチームメンバー全員の名前，2枚目に問題，3枚目に解答・解説を記述してもらいました。

■ 結　果

　上の図 5-2「生徒たち（チーム名：山田くんの蟹）が制作したカード」を参照してください。

■ 生徒の反応

　第2週の授業後アンケートでは，下記の5つの項目について自由に記述してもらいました。

①各チームのよかったところや改善したほうがいいところ
②一番よかったカードとその理由

③プレゼンが一番よかったチームとその理由

④「これは！」と思う nocobon をつくるコツは何か

⑤授業の感想

そのなかで④の「nocobon をつくるコツ」について，以下のようなコメントがありました。

- 思い込みを探すこと，普段見ているようで見ていないものを題材にすること。
- 問題はわかりにくくしつつ，タイトルやヒントにところどころ解答のポイントをちりばめて，細かい知識がなくも考えればわかるように作成する。
- ニュースなどで話題になったことを自分でも調べて，伝えられていなかったことがあるか確認する。
- 人間の思い込みや倫理的な問題を扱うことで，正解がわかった後考えさせられる nocobon になる。
- 問題を作る側が独りよがりにならないこと（難しすぎて誰もわからない），解答を明かされて誰もがスッキリすること（不条理だったり無理やり合わせることなどがない）。
- できるだけ多くの人にとって身近なものを題材とすると，先入観が邪魔をして答えがわかりにくくなり，答えを知った時の感動も増す。

また授業の感想としては次のようなコメントがありました。

- 新しく知識を得たり，物の見方が変わるゲームだった。
- 自分一人では思いつかないような問題やそれに対する質問がたくさん出た。「Yes/No で答えられる質問のみ」という制約の下で質問を考えることにより，相手が答えやすい明確な質問をする力の不足を実感した。
- 自分では思いつかないような質問がまわりからどんどんとでてくるので，やはり知識，価値観の違う仲間と共に考えるというのは必要なことだと思った。nocobon は会議などの練習やチームの考え方の確認など幅広く使えると思った。
- 問題文でどのようにプレイヤーを誘導するのかを考えるのが楽しかった。
- 問題そのもののおもしろさも大事だが，様々な角度から質問をしやすいとい

う点も大切なのだと思った。

■ 授業を振り返って

nocobon は「質問をして答えてもらう」という単純なゲームですが，問題の意図や内容をある程度わかっていないと，次の質問を導くための「よい質問」ができません。用語や語彙を知っているかという知識レベルの問題だけではなく，相手がどのくらいの用語ならわかるかを推し量ることや，対話を通して互いの理解をすり合わせて調整してゆくこと，自分や相手がわかっていることとわかっていないことを冷静に分析することも必要となります。また本校は工業高校なので，生徒たちは 2 年次から応用化学，情報システム，機械システム，電気電子，建築デザインといった 5 つの専門分野に分かれて学習を進めてきました。分野の違いによって学習環境や習得した知識が異なっているはずなのに，そのことに対して生徒たちは無関心でした。しかし，nocobon を使って質疑応答を繰り返してゆくうちに，「自分の常識が相手の常識ではない」ということに気づき，相手にも伝わる言葉を用いて対話することの大切さを学んだのではないかと思います。

ふだんは「国語なんて」と見向きもしなかった生徒たちからは，nocobon を体験したことで言語力や表現力を育てる「国語」の授業の重要性が理解できた，との感想が多数寄せられています。国語教育の教材として，さまざまな使い方や可能性が nocobon にはあると思います。

また，nocobon では次のような使い方も可能です。実施校では 1 月中旬に 2 年生の学校行事である修学旅行があるのですが，始業式から修学旅行までの授業時間が 1，2 コマ（1 コマ 50 分）程度しかないため，授業で扱う教材選びについては苦心していました。しかし，nocobon を取り入れることで，50 分単位で上手に時間を調整しながら，楽しくかつ中身の濃い授業をおこなうことができました。生徒たちの反応も上々で，ぜひまたやって欲しいとの声が後をたちません。

ゲームとして遊びながらも言語力や表現力が鍛えられ，そのうえ興味・関心の幅も広げることができる nocobon は，国語が苦手な生徒たちにこそぜひ体験してもらいたい，そんな教材です。これからも nocobon を大いに活用し，国語を学ぶ楽しみを拡げていきたいと考えています。

第 5 節 nocobon 活用事例④ 情報系専門学校生が身近な社会に興味をもつ

専門学校での nocobon 活用：専門を超えて社会に関心をもつ
（松浦登美子ほか　岡山情報ビジネス学院ゲームクリエイター／プログラマー学科）

■ 実施目的

専門学校にはいわゆる教養の科目がなく，基本的には「専門」に関する授業しかありません。このためか，私たちが教えている情報系の学生を見ていると，自分の専門以外のことに関する視野の狭さが課題だと感じることがあります。企業に入れば，たとえば IT 企業で働く場合でも，「マイナンバー制度」の導入によって新しいシステムが必要になるなど，社会の出来事が仕事にも関連してきます。このため，幅広く社会にも目を向けておくことが求められます。

また専門学校のなかでは，学生同士が共通の関心をもっていることが多いため，趣味の話題だけで会話が成立する傾向があります。実際，ゲームクリエイター／プログラマー学科では，ゲームの話題でほとんど全員と話すことができると思われます。しかし，企業において社員や取引先と雑談をする際には，広く社会に一般的な事柄が話題になり，コミュニケーション能力が求められます。この社会への関心やコミュニケーション能力を，教養の科目をもたない専門学校のカリキュラムのなかでどのように育成するかが問題意識としてありました。

表 5-6　nocobon 実施概要 （岡山情報ビジネス情報学院）

対　象	ゲームクリエイター学科 1 年 35 名，2 年 29 名 ゲームプログラマー学科 1 年 10 名，2 年 12 名
使用したカード	本書に収録したカード 11 問を含む nocobon お試しキット （27 枚入り）
スケジュール	計 4 クラスで授業の 1 コマ 50 分を用いて実施
実施の流れ	（グループ分けは授業前に実施した） 1　本授業の目的の説明 （5 分） 2　nocobon の説明とゲームの練習 （10 分） 　　教員が出題者になって実施 3　nocobon を実施 （30 分） 　　・出題者は希望者が実施 　　・各グループのペースで問題を進め，終わったら新しい問題を取りに行く形式 　　・教員は巡回しながらサポート 4　アンケート調査への記入 （5 分）

このため，「ゲーム」である nocobon であれば，学生の興味関心にも沿っていますし，学校のカリキュラムにも導入しやすいと感じました。nocobon を実施した目的は，社会に興味をもつきっかけとしたかったこと，質問をしながら話し合うゲームを実施することでコミュニケーション能力を鍛えたかったということの2点です。

■ 実施概要
　表 5-6 を参照してください。

■ 授業をおこなうにあたっての工夫
　授業の目的を話した後に，まずはルールを理解してもらうために教員が出題者になり，クラス全体で練習問題を実施しました。その後は，各グループにキットを配布して，出題者の決定も含めて自由に実施してもらいました。カードの出題者を固定するか，交代しながら遊ぶかは各グループに任せていましたが，これは学生のためにも必ず一度は出題者を体験させたほうがよいと感じました。問題はグループ間で共通のものにはせず，数枚ずつを各グループに配ってそれぞれのペースで自由に問題を実施させ，配られたカードをすべてやり終えてしまったグループは教卓で新しいカードに交換するというかたちで実施しました。教員は実施中はクラスを巡回しながら，コミュニケーションがうまくいっていないグループを中心にサポートをおこないました。
　問題の作成は今回は実施できませんでしたが，これも社会に目を向けるという観点から考えると，自分の視点で社会を見つめ直すことにつながるため，今後実施したいと感じています。

■ 学生の反応

・年齢が上がるにつれ，垂直思考に固執してしまいがちなので，こういった水平思考を鍛える時間も大事だと改めて思った。
・答えに辿り着くこと自体が重要なのではなく，辿り着くために様々な角度や視点から物事を考えることが重要だと思った。
・問題文だけでは答えに辿り着けないが何度も質問を続けることにより答えに近づくことができ，それが面白かった。
・色々な方面から一つの回答を皆で導き出すのはとても楽しいものだった。

まさかないだろうと思いながら質問をして「はい」と返ってきた時の楽しさ
と驚きは病みつきになる。
・実際にあった出来事やデータを使って作られているので，問題の回答文の内
容がリアルで楽しめた。
・世界で起こっている社会問題についてとても考えさせられた。どれも知ら
ないもので，自分の社会問題の無知さに危機感を覚えたとともに，ニュース
を見ること，社会を知ること，社会について考えることの重要性について理
解した。

■ 授業を振り返って

　じつはゲームを実施したのは（学生が受験する）国家試験前の難しい時期だったの
ですが，ほとんどの学生が非常に楽しんで受講していたのが印象的でした。
　情報系の学生の視野を広げることと，コミュニケーション能力の向上という目的
で実施しましたが，前者に関しての達成率はまあまあといったところだったように
思います。50分の授業のため振り返り時間がなかなかとれないところもあり，グル
ープによってカードの受け止め方が異なったところがありました。ただ一部の学生
はカードの内容がすべて実話であることに感銘を受けており，自分たちがいかに社
会のことを知らないのかということに気づけたようだったので，より多くの学生に
そのことを気づいてもらえるような工夫を今後は考えたいと思います。コミュニケ
ーション能力に関しては，非常に活発なコミュニケーションが各グループでおこな
われており，期待どおりであったと感じます。IT系の内容など，専門的な授業でも
使える内容のカードが多くあれば，継続して実施したいと思いました。
　また，ゲームを実施する前には，科学や社会にあまり関心をもっていない専門学
校生には内容が難しすぎるのではないかと危惧していたのですが，それはまったく
杞憂でした。難しい内容のカードでも，グループのなかで話し合って理解しようと
していたのが印象的でした。
　実施後には，『ウミガメのスープ』シリーズや『Black Stories』などの水平思考パ
ズルにハマっていた学生もおり，とても影響力のある授業になったという実感を抱
いています。

第6節　nocobon 活用事例⑤ 国際系学部の大学生がプロジェクト学習でnocobonをつくる

プロジェクト学習でnocobonをつくる：自分の専門を他者に伝える

（岸磨貴子　明治大学国際日本学部　初回授業担当者：福山佑樹）

■ 実施目的

　明治大学国際日本学部の授業である「国際日本学実践」では，毎学期学生から提案されたテーマをもとにプロジェクト学習をしています。今回は福山先生にゲスト講義でnocobonの実施をお願いしましたが，これをお願いした段階ではテーマ選びの参考とするために「水平思考」や「ゲーム教材」について学生に情報提供してほしいというねらいがありました。

　その後，結果的には7コマにわたって新しいカードを作成するワークをおこないました。これはゲスト講義の後半におこなった「新しいnocobonのカードをつく

表5-7　nocobon実施概要（明治大学国際日本学部）

対　象	明治大学国際日本学部 2-4 年生 20 人
使用したカード	nocobon体験：本書に収録したカード11問を含むnocobonお試しキット（27枚入り）
スケジュール	・nocobonの体験：90分×1回（ゲスト講義） ・nocobon（KNOQS）の制作：90分×7回
実施の流れ	**nocobonの体験** 1　趣旨説明・アイスブレイク（15分） 2　ルール説明・例題（10分） 3　nocobon体験（40分） 4　振り返り（10分） 5　nocobonカード制作（20分） 6　まとめとアンケート（5分） **nocobon（KNOQS）の制作** 1　個人でカード案の制作（宿題） 2　カード案のブラッシュアップ（3コマ） 　・グループ内での相互出題と修正 　・各グループ内でよくできたカードを選び，クラス内での相互出題と修正 3　作業ごとにチームに分かれての作業（3コマ） 　・カード内容の調整 　・カードデザイン 　・ワークショップ内容の作成 　・ゲームの広報活動 4　発　表（1コマ）

る」というワークの際に学生が非常に盛り上がっていたことがきっかけでした。国際日本学部のカラーを生かして新しいカードをつくることは，自分の専門を別の視点でみることにつながると感じ，これを今期のプロジェクトの一つにすることを決めました。

■ **実施概要**

表5-7を参照してください。

■ **授業をおこなうにあたっての工夫**

ゲスト講義の際には，私が以前から「水平思考」に関心があったため，これについて紹介していただくこと，そしてカード制作のワークも時間内に実施いただくことをお願いしていました。カード制作のワークでは，まずは個人でnocobonのネタになりそうなエピソードを考えてから，ペアでカードになりそうなものを検討するというかたちで進めました。残念ながら，時間が足りずに問題の形式にできないグループが多かったのですが，学生の反応が非常によかったのでプロジェクト学習として，翌週以降も引き続き実施することに決めました。

プロジェクト学習に入ってからは，地方の高校生が大学を訪問する日があり，そこで受講生が50分のワークショップをおこなうことがすでに決まっていました。したがって，ここを発表の場とすることを決め，それまでの7回の授業でカード制作などをおこないました。

まずは個人で問題を作成してくることを宿題として，その後グループで問題を洗練していくという方法をとりました。最終的には一人1問をつくらせるのではなく，「これはよさそうだ」と思う問題にある程度絞って作成を進めたので，問題のかたちが具体化してきてからは，手持ちぶさたになる学生が出ないように，カードの難易度調整を進めるグループ，カードのデザインをするグループ，ワークショップの内容を考えるグループなどに分かれて作業を進めました。

■ **結　　果**

次頁の図5-3「学生が制作したカード例」を参照してください。

■ **学生の反応**

ゲスト講義後の授業の感想としては次のようなコメントがありました。

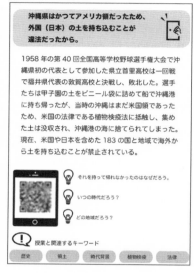

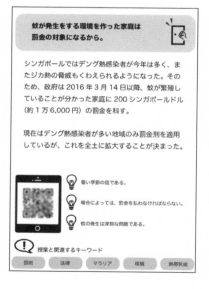

図 5-3　学生が制作したカード例

- 自分が問題に対して，質問をしたり考えたりすることの大切さを再確認できた。授業があっという間だった。
- 普段は決まったルーティーンの中で生活しており，価値観や発想が固定してしまいがちなので，今回のような「ありえなそうだが，可能性はある」ことを探し続けるワークを行う事で脳が活性化された。
- 固定概念や論理を取りはらって全く違う視点から見るという経験が出来た。
- 「あたり前を疑うこと」が大切だということに気づいた。自分がいかに先入観で物事を考えているのかを実感できた。
- 自分にはなかった発想を誰かがしたことで自分の発想も刺激され，それがまた他の人の新たな発想を生んでいくというサイクルが快感でした。

　またカード制作やその後のワークショップを実施した感想としては以下のようなコメントがありました。

- 水平思考ゲームにするという視点で，自分の知っていることを振り返ったり，調べたりする活動が出来たことはとても有意義だった。
- 問題を作る活動をする中で，自分の知っているある出来事をどのように見せるかということを考える中で，物事を多面的に考えることが出来た。
- 作成したカードの難易度を調整するために，タイトルや問題文にどんな言葉を入れるとちょうど良いのかを考えるのが難しかった。
- なかなか進まないグループにヒントを出すなど，どのようにファシリテーションを行うかということが難しかったし，学ぶことが出来た。
- 参加者がどのようなことをカードから学べるかということを考えて，実践することで，沢山のことを学ぶことが出来た。

■ 授業を振り返って

　これまでの授業でのプロジェクト学習では，学生の意見をなかなか集約できず，結局リーダー的な学生が一人で進めることになってしまい，ほかの学生のモチベーションが下がってしまうようなことも残念ながらありました。今回はプロジェクトをおこなう前に，まず nocobon という協力しないと解けないゲームを実施したうえでプロジェクトに入ることができたため，学生のプロジェクトへのコミットメント

が普段よりも高かったように感じました。例年よりもほかの学生のことを気にかける様子が多くみられたことも，とてもよかったと思います。

　また自分たちの制作物を用いて高校生向けのワークショップを運営したことで，受講生側の学びをよく考えることになり，普段の自分の殻を破るきっかけになった学生もいました。国際日本学部のカラーを生かしたカードを作成するなかで，自分の専門性を新しい視点でみるきっかけになった学生もいましたし，とてもよいプロジェクト学習になったと感じています。

おわりに

▶大学教員，ゲームをつくる

本書で紹介したように，ゲームという形式で議論や振り返りを通じた学びを経験するというアプローチは，近年着目を集めています。では，大学教員がゲームをつくるというとき，何を重視するでしょうか。

ゲーム制作の専門家であれば「あのルールは斬新だ！」など，ゲームシステム（ロジックや構造）の新規性が高く評価されます。そこで扱われている題材やストーリーは，ゲームをおもしろくするためのフレーバー，すなわち「味付け」にすぎません。ルールを把握するのに1時間以上かかるような複雑なゲームシステムでも，さまざまな工夫によって繰り返し楽しみ攻略する醍醐味が出てきます。

一方，nocobon はそのフレーバー，つまり「科学と社会」をめぐる問題に目を向けてもらうのがゲーム制作の主要な目的でした。地球温暖化や生活習慣病など科学技術と社会をめぐる複雑なジレンマや交渉は，ゲームの仮想性を利用してこそ経験できます。ただ，授業や研修など限りある時間のなかで振り返りや議論の時間も確保しなければならないため，シンプルで直感的に理解できるゲームシステムを採用しました。

▶シンプルだからこその展開可能性

このシンプルさは，nocobon を利用する現場の先生方にも創意工夫してもらう余地をつくり出してもいます。nocobon は初期のテストプレイを含め，これまで30か所あまりの場所で利用いただいています。学校教育のなかでは，中学校・高校では理科や国語などの教科のほか課題研究授業や総合の授業で使われています。大学ではデータリテラシー，クリティカルシンキング，リスクコミュニケーション，教育工学など各教員の専門分野に引きつけながら利活用されています。シンプルで自由度の高い教材だからこそ，さまざまな目的や場面に応じて使っていただけます。

また，現場ならではの工夫についてもフィードバックいただきました。たとえば，ある中学校の教員の方からは（1）「生徒が質問文や，他の人がした質問やそれに対する答えを覚えていられない」のに対し，質問をホワイトボードや模造紙などに書き込んでいって，その「YES/NO」を記入していく，（2）前提知識が欠けていて答

えにくいものには，「ヒント」も書き込んで交通整理するという工夫をしてみたい，とのフィードバックをいただきました。

　また，nocobon の開発・実践報告論文には以下のようなものがあります。

・標葉靖子（2018）．「文系大学生を対象としたデータリテラシー教育に関する一考察——「WRDⅡ〈R〉8：データリテラシーのすすめ」授業開発を例に」『成城大学共通教育論集』*10*, 33–57.
・標葉靖子・江間有沙・福山佑樹（2017）．「科学技術と社会への多角的視点を涵養するためのカードゲーム教材の開発」『科学教育研究』*41*（2），161–169.
・鈴木克治・川本思心（2018）．「中学校の理科教育におけるトランスサイエンスを題材とした授業例の抽出」『CoSTEP 研修科 年次報告書』*2*（5），1–4.〈http://hdl.handle.net/2115/69403（最終閲覧日：2018 年 7 月 19 日）〉
・鈴木真奈（2018）．「ゲーミングツール nocobon のクリティカル・シンキング授業への応用例」『応用哲学会第 10 回年次研究大会プログラム予稿』，58–59.〈https://jacapsite.files.wordpress.com/2018/04/jacap_10th_abstracts.pdf（最終閲覧日：2019 年 6 月 7 日）〉
・福山佑樹（2017）．「教育工学におけるゲーム教育・学習研究の現在」『授業づくりネットワーク』*26*, 34–39.
・福山佑樹・標葉靖子・江間有沙（2017）．「科学・技術と社会への関心を喚起するゲーム教材"nocobon"の実践——文系大学生を対象に」『日本デジタルゲーム学会 2016 年次大会予稿集』，55–58.

　本書では主に中等高等教育の授業での利用法を紹介しましたが，そのほか，以下のような場面でもご利用いただいています。

・社会人を対象としたイノベーションワークショップ
・学校教員を対象とした実践セミナー
・企業の部署内におけるアイデア着想ワークショップ

　昨今，働き方改革やリカレント教育の必要性が高まっています。本書の「2. 理論

編」で紹介したような「主体的・対話的で深い学び」は，児童・生徒や大学生だけではなく，現代社会を担う私たち一人ひとりにも求められています。

▶次のステップへ

「はじめに」で紹介したように，本書で紹介した nocobon の開発動機は，「科学と社会」をめぐる問題にまずは目を向ける，入門書に取りかかる前段階となるようなツールがほしい，というのが出発点でした。そのため，本書の「3. 問題編」の事例やエピソードに興味関心をもっていただいた方は，ぜひ「4. 解答・解説編」の参考文献に目をとおしてみてください。ゲームで得た情報とはまた違う側面からの学びがあるでしょう。

あるいは，本書の「2. 理論編」をとおして「科学コミュニケーション」や「主体的・対話的で深い学び」「ゲーム学習」に関心をもっていただいた方もいらっしゃるかもしれません。「科学技術と社会」や「学習」にはさまざまなアプローチ法と研究の蓄積があります。社会からの要望や時代の変化に合わせて，研究の方向性や重点も変化し深化していきます。このような学問分野があるのか，と興味をもっていただけたら幸いです。

最後に，「5. 実践編」を参考にして，ぜひ自分たちで問題をつくってみてください。「2. 理論編」でゲームで学ぶことのメリットの一つとして「複雑な問題状況をわかりやすくする」ことをあげています。これは，ゲームをつくる側に立つ場合にも重要になります。あるエピソードや事例をもとにカードをつくろうとしても，どのような情報を入れる必要があるのか，「わかった！」という理解がそのエピソードや事例から学んでほしい項目と結びついているか，総当たりなどではなく，発想の転換をすることで正解に近づくような仕掛けがあるかなど，考えなければならないことは山積みです。

「5. 実践編」の事例には，学生が制作したカード例があります。グループで作成することによって，自分自身の「思い込み」に気づき，科学と社会の関係を多面的に考えるきっかけになります。

開発者としては，「こんなカードをつくったよ」などを含め，さまざまな工夫や可能性についてフィードバックいただけるのはありがたく，本書を手に取っていただいた方からも，さまざまな場面での利用報告をいただければ嬉しいです。

▶ nocobon 最後の謎

最後に，nocobon をめぐる 2 つの「謎」を提示して，本書を締めたいと思います。

最初の謎は，nocobon のロゴについてです。すべてのカードに使われている動物のようなこのマーク，じつは「何か」が隠れています。おわかりになるでしょうか。

nocobon の問題を解くうえでは「真正面からのアプローチが徒労に終わったら，側面から問題に挑んでみましょう」というコツがありますが，このロゴマークも同じです。有名なだまし絵の一つに「ルービンの壺」があります。二人の人が向かい合っている絵にもみえれば，壺にも見えるというものです。色の塗られている部分を「図」とみなすか「地（背景）」とみなすかによって，見えてくるものが変わります。nocobon のロゴも，白い部分を「図」とみなして，そのまま頭を左に少し傾けてみてください。はたして，何が見えるでしょうか「？」。

そしてもう一つの謎は，nocobon の名前についてです。「ノコボン」とは，いったい何を意味している言葉なのでしょうか。この謎をとくヒントは，すでに本書で示されています。さあ，nocobon の名前の由来，あなたはわかりましたか？

あとがき

　2015年10月，「科学技術と社会への多角的視点への関心を喚起するための大学生向けゲーム教材を開発しよう」と，当時東京大学大学院総合文化研究科・教養学部附属教養教育高度化機構に所属していたメンバーが集まりnocobon開発プロジェクトが始まりました。同年12月には最初の試作品をつくり，その後プロトタイピングとユーザーテストを繰り返し，現在に至ります。実践を積み重ねていくなかで，私たちが当初想定していなかった中学校・高校の先生方から，「多面的なものの見方を実践するアクティブラーニングの一つの方法としてnocobonを検討できないか」という問い合わせを多く頂いたことが，中高生でも取り組める問題に絞った本書をまとめるきっかけとなりました。おかげさまでnocobonは，科学技術と社会，研究倫理，技術者倫理，身近な科学的・数的リテラシー，水平思考といったキーワードをもとに，中学校，高校，大学，大学院，企業など，幅広い目的・対象へと活用の広がりをみせつつあります。本書はその成果の一端です。

　ここで，執筆の分担について記しておきます。「はじめに」および「1. 導入編」「2. 理論編」の第1節，「5. 実践編」の第2, 3節ならびに全体の調整は私・標葉靖子が，「2. 理論編」の第2, 3, 4節，また「5. 実践編」の第1, 5, 6節は福山佑樹が，「5. 実践編」の第4節ならびに「おわりに」は江間有沙が主として担当しました。「3. 問題編」「4. 解答・解説編」は，nocobon実践を繰り返すなかで，執筆者全員で表現や解説内容，提示するヒントを調整していった結果です。

　北は北海道から南は沖縄まで，nocobonモニターとしてパイロット授業実施を名乗りでてくださった方々の存在がなければ，本書をまとめることはできませんでした。パイロット授業を実施してくださった中学・高校・専門学校・大学・企業のみなさまにこの場を借りて厚く感謝の意を表します。nocobonという名前も，初めてのパイロット授業の際に生徒から最も人気が高く，本書のタイトルにもなったカード「残（のこ）された酸素ボンベ」に由来しています。

　本書の執筆にあたっても多くの方々にお世話になりました。nocobonの問題のいくつかにつながるアイデアを提供してくださった加藤俊英氏，nocobonを活用した授業実践について，インタビューならびに本書への掲載をご快諾くださった標葉隆馬先生，鈴木克治先生，五十嵐寿子先生，松浦登美子先生，岸磨貴子先生，また本

書のさまざまな段階での草稿にコメントいただいた加納圭先生，他みなさまに感謝
申し上げます。

　nocobon 開発は，東京大学大学院総合文化研究科・教養学部附属教養教育高度化
機構科学技術インタープリター養成部門の支援を得て実施されました。教養教育高
度化機構という学際的な教育・研究の場がなければ，nocobon は決して生まれませ
んでした。また nocobon 普及のための取り組みの一部は，2017（平成 29）年度公益
財団法人科学技術融合振興財団調査研究助成の支援を受けました。この場を借りて
お礼申し上げます。

　今後も多くの方々に本書ならびに nocobon を活用していただき，科学技術と社会
や，ものごとに対する多面的なものの見方や思考力の涵養をめざした取り組みが広
がっていくことを願っています。また本書をきっかけに，科学技術と社会，科学コ
ミュニケーション，あるいはゲーム学習といった nocobon を支える各分野に関心を
もっていただければ，開発者としてこれに勝る喜びはありません。

　最後になりましたが，本書をまとめるにあたり，さまざま助言をくださったナカ
ニシヤ出版の米谷龍幸氏に心よりの感謝を申し上げます。

2019 年 12 月

nocobon 開発チームを代表して　標葉靖子

　本書には収録しなかったカードも含めた nocobon カード 34 問につい
て，クリエイティブ・コモンズ表示 – 非営利 – 継承 4.0 国際（CC BY-NC-
SA 4.0）ライセンスのもと，以下のウェブサイトで電子データを提供して
います。なお，データアクセスの際にはパスワードが必要です。

〈nocobon website〉
http://science-interpreter.c.u-tokyo.ac.jp/nocobon/download/
ko0pwuanam/

〈password〉
CzpyM7Qj_nocobon

参考文献

▶**はじめに**

伊勢田哲治・戸田山和久・調麻佐志・村上祐子［編］（2013）.『科学技術をよく考える――クリティカルシンキング練習帳』名古屋大学出版会

廣野喜幸（2013）.『サイエンティフィック・リテラシー――科学技術リスクを考える』丸善出版

藤垣裕子・廣野喜幸［編］（2008）.『科学コミュニケーション論』東京大学出版会

▶**2. 理 論 編**

◎**第1節 「科学技術と社会」とは**

内田 隆・鶴岡義彦（2014）.「日本におけるSTS教育研究・実践の傾向と課題」『千葉大学教育学部研究紀要』*62*, 31–49.

江間有沙（2019）.『AI社会の歩き方――人工知能とどう付き合うか』化学同人

小川正賢（1993）.『序説STS教育――市民のための科学技術教育とは』東洋館出版社

隠岐さや香（2018）.『文系と理系はなぜ分かれたのか』星海社

科学技術社会連携委員会（2019）.「今後の科学コミュニケーションのあり方について」〈http://www.mext.go.jp/b_menu/shingi/gijyutu/gijyutu2/092/houkoku/__icsFiles/afieldfile/2019/03/14/1413643_1.pdf（最終閲覧日：2019年4月15日）〉

経済協力開発機構（OECD）［編著］／国立教育政策研究所［監訳］（2016）.『PISA2015年調査評価の枠組み――OECD生徒の学習到達度調査』明石書店

小林傳司（2007）.『トランス・サイエンスの時代――科学技術と社会をつなぐ』NTT出版

コリンズ, H. M.／鈴木俊洋［訳］（2017）.『我々みんなが科学の専門家なのか？』法政大学出版局（Collins, H. M.（2014）. *Are we all scientific experts now?* Cambridge: Polity.）

標葉隆馬（2016）.「政策的議論の経緯から見る科学コミュニケーションのこれまでとその課題」『コミュニケーション紀要』*27*, 13–29.

田中久徳（2006）.「科学技術リテラシーの向上をめぐって――公共政策の社会的合意形成の観点から」『レファレンス』*56*(3), 57–83.

内閣府（2015）.「「科学技術イノベーションと社会」検討会 中間報告」（平成27年7月16日総合科学技術・イノベーション会議 第10回基本計画専門調査会）

原 塑（2015）.「科学・技術リテラシー――民主主義と国際競争力の基盤となる能力」楠見 孝・道田泰司［編］『批判的思考――21世紀を生きぬくリテラシーの基盤』新曜社, pp.192–197.

平川秀幸（2010）.『科学は誰のものか――社会の側から問い直す』日本放送出版協会

藤垣裕子［編］（2005）．『科学技術社会論の技法』東京大学出版会

松下佳代（2014）．「トランス・サイエンスの時代の科学的リテラシー」鈴木真理子・楠見　孝・都築章子・鳩野逸生・松下佳代［編］『科学リテラシーを育むサイエンス・コミュニケーション——学校と社会をつなぐ教育のデザイン』北大路書房，pp.156–162.

文部科学省（2013）．「東日本大震災を踏まえた今後の科学技術・学術政策の在り方について（建議）」（平成 25 年 1 月 17 日 科学技術・学術審議会）〈http://www.mext.go.jp/b_menu/shingi/gijyutu/gijyutu0/toushin/1331453.htm（最終閲覧日：2019 年 7 月 19 日）〉

吉田省子（2008）．「「遺伝子組換え作物対話フォーラムプロジェクト」って何ですか？」『科学技術コミュニケーション』3, 161–168.

笠　潤平（2017）．「理科教育における不定性の取り扱いの可能性」本堂　毅・平田光司・尾内隆之・中島貴子［編］『科学の不定性と社会——現代の科学リテラシー』信山社，pp.122–135.

Aikenhead, G. S. (1992). The integration of STS into science education. *Theory Into Practice, 31*(1), 27–35.

Allum, N., Sturgis, P., Tabourazi, D., & Brunton-Smith, I. (2008). Science knowledge and attitudes across cultures: A meta-analysis. *Public Understanding of Science, 17*(1), 35–54.

Bauer, M. W., & Gaskell, G. (eds.) (2002). *Biotechnology: The making of a global controversy*. Cambridge: Cambridge University Press.

Drummond, C., & Fischhoff, B. (2017). Individuals with greater science literacy and education have more polarized beliefs on controversial science topics. *Proceedings of the National Academy of Sciences of the United States of America, 114*(36), 9587–9592.

Gaskell, G., Stares, S., Allansdottir, A., Allum, N., Corchero, C., Fischler, C., Hampel, J., Jackson, J., Kronberger, N., Mejlgaard, N., Revuelta, G., Schreiner, C., Torgersen, H., & Wagner, W. (2006). Europeans and biotechnology in 2005: Patterns and Trends. Eurobarometer. 〈http://ec.europa.eu/commfrontoffice/publicopinion/archives/ebs/ebs_244b_en.pdf（最終閲覧日：2019 年 7 月 19 日）〉

Stilgoe, J., Owen, R., & Macnaghten, P. (2013). Developing a framework for responsible innovation. *Research Policy, 42*(9), 1568–1580.

van der Auwerart, A. (2005). The Science Communication Escalator. In N. Steinhaus (ed.), *Advancing science and society interactions* (Conference Proceedings, Living Knowledge Conference, Seville, Spain, 3–5 February), Bonn: Issnet, pp.237–241.

Wynne, B. (1991). Knowledges in context. *Science, Technology, & Human Values, 16*(1), 111–121.

Wynne, B. (2006). Public engagement as a means of restoring public trust in science: hitting the notes, but missing the music?. *Community Genetics, 9*(3), 211–220.

◎第2節　主体的・対話的で深い学び・第3節「新しい能力」と思考

経済産業省（2006）．「社会人基礎力に関する研究会「中間取りまとめ」報告書」（平成18年1月20日）〈https://www.meti.go.jp/committee/kenkyukai/sansei/jinzairyoku/jinzaizou_wg/pdf/001_s01_00.pdf（最終閲覧日：2019年12月16日）〉

標葉靖子・江間有沙・福山佑樹（2017）．「科学技術と社会への多角的視点を涵養するためのカードゲーム教材の開発」『科学教育研究』41(2), 161–169.

中央教育審議会（2008）．「学士課程教育の構築に向けて（答申）」（平成20年12月24日）〈http://www.mext.go.jp/b_menu/shingi/chukyo/chukyo0/toushin/1217067.htm（最終閲覧日：2019年7月19日）〉

中央教育審議会（2012）．「新たな未来を築くための大学教育の質的転換に向けて――生涯学び続け，主体的に考える力を育成する大学へ（答申）」（平成24年8月28日）〈http://www.mext.go.jp/b_menu/shingi/chukyo/chukyo0/toushin/1325047.htm（最終閲覧日：2019年7月19日）〉

中央教育審議会（2015）．「初等中等教育分科会（第100回）資料1　教育課程企画特別部会論点整理」〈http://www.mext.go.jp/b_menu/shingi/chukyo/chukyo3/siryo/attach/1364306.htm（最終閲覧日：2019年7月19日）〉

本田由紀（2005）．『多元化する「能力」と日本社会――ハイパー・メリトクラシー化のなかで』NTT出版

松下佳代（2010）．『〈新しい能力〉は教育を変えるか――学力・リテラシー・コンピテンシー』ミネルヴァ書房

溝上慎一（2014）．『アクティブラーニングと教授学習パラダイムの転換』東信堂

溝上慎一（2016）．「アクティブラーニングの背景」溝上慎一［編］『高等学校におけるアクティブラーニング　理論編』東信堂，pp.3–27.

文部科学省（2008）．「平成20・21年改訂　学習指導要領」〈http://www.mext.go.jp/a_menu/shotou/new-cs/youryou/1356249.htm（最終閲覧日：2019年6月11日）〉

文部科学省（2017）．「平成29・30年改訂　学習指導要領」〈http://www.mext.go.jp/a_menu/shotou/new-cs/1384661.htm（最終閲覧日：2019年6月11日）〉

文部科学省（2019）．「高等学校学習指導要領解説」〈http://www.mext.go.jp/a_menu/shotou/new-cs/1407074.htm（最終閲覧日：2019年9月30日）〉

山内祐平（2018）．「教育工学とアクティブラーニング」『日本教育工学会論文誌』42(3), 191–200.

Anderson, L. W., Krathwohl, D. R., Airasian, P. W., Cruikshank, K. A., Mayer, R. E., Pintrich, P. R., Raths, J., & Wittrock, M. C. (eds.) (2001). *A taxonomy for learning, teaching and assessing: A revision of bloom's taxonomy of educational objectives* (complete edition). New York: Longman.

De Bono, E. (2014). *Lateral thinking: An introduction.* London: Vermilion.（デボノ, E. ／藤島みさ子［訳］（2015）．『水平思考の世界――固定観念がはずれる創造的思考法』きこ書房）

Griffin, P., McGaw, B. & Care, E. (eds.) (2011). *Assessment and Teaching of 21st Century Skills.* Springer.（グリフィン, P.・マクゴー, B.・ケア, E.［編］／三宅なほみ

　　［監訳］（2014）．『21世紀型スキル：学びと評価の新たなかたち』北大路書房）

Sloane, P., & MacHale, D. (1993). *Challenging lateral thinking puzzles.* New York: Sterling.（スローン, P.・マクヘール, D. ／ルイス, C.［訳］（2004）．『ポール・スローンのウミガメのスープ──水平思考ゲーム』エクスナレッジ）

◎第4節　ゲーム学習とは何か

藤本　徹（2007）．『シリアスゲーム──教育・社会に役立つデジタルゲーム』東京電機大学出版局

藤本　徹（2017）．「教育工学分野におけるゲーム研究」藤本　徹・森田裕介［編著］『ゲームと教育・学習』ミネルヴァ書房, pp.1-15.

矢守克也・吉川肇子・網代　剛（2005）．『防災ゲームで学ぶリスク・コミュニケーション──クロスロードへの招待』ナカニシヤ出版

ユール, J. ／松永伸司［訳］（2016）．『ハーフリアル』ニューゲームズオーダー

▶ 4. 解答・解説編

大西睦子（2015）．「【第4回】遺伝子で開ける未来の光と影──遺伝情報によって雇用や保険で差別が起こる?! 予防・対応が進む先進諸国に対し遅れる日本」〈http://diamond.jp/articles/-/68905（最終閲覧日：2019年6月7日）〉

小椋宗一郎（2011）．「遺伝子差別」シリーズ生命倫理学編集委員会［編］玉井真理子・松田　純［責任編集］『遺伝子と医療』丸善出版, pp.143-167.

カセム, J.［編著］／平井康之・塩瀬隆之・森下静香［編］（2014）．『インクルーシブデザイン──社会の課題を解決する参加型デザイン』学芸出版社

神里彩子・武藤香織［編］（2015）．『医学・生命科学の研究倫理ハンドブック』東京大学出版会

神永正博（2011）．『ウソを見破る統計学──退屈させない統計入門』講談社

佐藤　靖（2014）．『NASA──宇宙開発の60年』中央公論新社

産業構造審議会化学・バイオ部会個人遺伝情報保護小委員会（第5回）（2004）．「資料2-1　個人遺伝情報に関連した事業や, 生じた問題──海外事例」〈http://warp.da.ndl.go.jp/info:ndljp/pid/286890/www.meti.go.jp/committee/downloadfiles/g41001a21j.pdf（最終閲覧日：2019年6月7日）〉

島薗　進（2016）．『いのちを"つくって"もいいですか？──生命科学のジレンマを考える哲学講義』NHK出版

霜田　求（2009）．「「救いの弟妹」か「スペア部品」か──「ドナー・ベビー」の倫理学的考察」『医療・生命と倫理・社会』8, 17-27.

谷岡一郎（2000）．『「社会調査」のウソ──リサーチ・リテラシーのすすめ』文藝春秋

中尾政之（2005）．『失敗百選──41の原因から未来の失敗を予測する』森北出版

長神風二（2010）．『予定不調和──サイエンスがひらく, もう一つの世界』ディスカヴァー・トゥエンティワン

野中郁次郎・徐　方啓・金　顕哲（2013）．『アジア最強の経営を考える——世界を席巻する日中韓企業の戦い方』ダイヤモンド社

ハフ, D. ／高木秀玄［訳］（1968）．『統計でウソをつく法——数式を使わない統計学入門』講談社

ピコー, J. ／川副智子［訳］（2009）．『私の中のあなた　上・下』早川書房

平川秀幸・土田昭司・土屋智子／「環境リスク管理のための人材養成」プログラム［編］（2011）．『リスクコミュニケーション論』大阪大学出版会

ファインマン, R. P. ／大貫昌子［訳］（2001）．「ファインマン氏, ワシントンにいく——チャレンジャー号爆発事故調査のいきさつ」『困ります, ファインマンさん』岩波書店, pp.159–322.

ファインマン, R. P. ／大貫昌子・江沢　洋［訳］（2009）．「リチャード・P. ファインマンによるスペースシャトル「チャレンジャー号」事故少数派調査報告」『聞かせてよ, ファインマンさん』岩波書店, pp.167–198.

フィッシュホフ, B.・カドバニー, J. ／中谷内一也［訳］（2015）．『リスク——不確実性の中での意思決定』丸善出版

ベック, U. ／東　廉・伊藤美登里［訳］（1998）．『危険社会——新しい近代への道』法政大学出版局

松本三和夫（2012）．『構造災——科学技術社会に潜む危機』岩波書店

水川喜文・秋谷直矩・五十嵐素子［編］（2017）．『ワークプレイス・スタディーズ——はたらくことのエスノメソドロジー』ハーベスト社

村上道夫・永井孝志・小野恭子・岸本充生（2014）．『基準値のからくり——安全はこうして数字になった』講談社

Caro, R. A. (1975). *The power broker: Robert Moses and the fall of New York*. New York: Vintage.

Esser, J. K., & Lindoerfer, J. S. (1989). Groupthink and the space shuttle Challenger accident: Toward a quantitative case analysis. *Journal of Behavioral Decision Making, 2*(3), 167–177.

Janis, I. L. (1982). *Groupthink: Psychological studies of policy decisions and fiascoes* (2nd ed.). Boston, MA: Houghton Mifflin.

Perrow, C. (1999). *Normal accidents: living with high-risk technologies: With a new afterword and a postscript on the Y2K problem*. Princeton, NJ: Princeton University Press.

Winner, L. (1986). *The whale and the reactor: A search for limits in an age of high technology*. Chicago: University of Chicago Press. （ウィナー, L. ／吉岡　斉・若松征男［訳］（2000）．『鯨と原子炉——技術の限界を求めて』紀伊國屋書店）

▶ 5. 実践編

鈴木克治・川本思心（2018）．「中学校の理科教育におけるトランスサイエンスを題材とした授業例の抽出」『CoSTEP 研修科年次報告書』*2*(5), 1–4. 〈http://hdl.handle.

net/2115/69403（最終閲覧日：2018 年 7 月 19 日）〉

▶事項索引

▶人名索引

標葉靖子（しねは せいこ）
東京工業大学 環境・社会理工学院 助教。
博士（生命科学）（京都大学）。
担当：はじめに，1 導入編，2 理論編第 1 節，3 問題編，
　　　4 解答・解説編，5 実践編第 2・3 節，あとがき

福山佑樹（ふくやま ゆうき）
明星大学 明星教育センター 特任准教授。
博士（人間科学）（早稲田大学）。
担当：2 理論編第 2・3・4 節，3 問題編，4 解答・解説
　　　編，5 実践編第 1・5・6 節

江間有沙（えま ありさ）
東京大学 未来ビジョン研究センター 特任講師。
博士（学術）（東京大学）。
担当：3 問題編，4 解答・解説編，5 実践編第 4 節，お
　　　わりに

残された酸素ボンベ
主体的・対話的で深い学びのための
科学と社会をつなぐ推理ゲームの使い方

2020 年 1 月 30 日　　初版第 1 刷発行

　　　　　　　著　者　標葉靖子
　　　　　　　　　　　福山佑樹
　　　　　　　　　　　江間有沙
　　　　　　　発行者　中西　良
　　　　　　　発行所　株式会社ナカニシヤ出版
　　　　☎606-8161　京都市左京区一乗寺木ノ本町 15 番地
　　　　　　　　　　　Telephone　075-723-0111
　　　　　　　　　　　Facsimile　075-723-0095
　　　　　　　Website　http://www.nakanishiya.co.jp/
　　　　　　　Email　iihon-ippai@nakanishiya.co.jp
　　　　　　　　　　　郵便振替　01030-0-13128

印刷・製本＝ファインワークス／装幀＝白沢　正
Copyright © 2020 by S. Shineha, Y. Fukuyama, & A. Ema
Printed in Japan.
ISBN978-4-7795-1441-8

本書のコピー，スキャン，デジタル化等の無断複製は著作権法上の例外を除き禁じられています。本書を代行業者等の第三
者に依頼してスキャンやデジタル化することはたとえ個人や家庭内での利用であっても著作権法上認められていません。

ナカニシヤ出版・書籍のご案内　表示の価格は本体価格です。

はじめよう！科学技術コミュニケーション

北海道大学 CoSTEP［編著］なぜ，今，科学を人々に伝えることがこれほどまでに必要
とされているのか？　議論を創り出す数々の実践法を集約。　　　　　2000 円＋税

ポスト3・11 のリスク社会学

原発事故と放射線リスクはどのように語られたのか　井口　暁［著］何が問題で，何が
前提で，どう語り合えばよいのか。ルーマンのリスク論と対話論の再検討を通じ，ポス
ト3・11 の論争空間を分析する。　　　　　　　　　　　　　　　3400 円＋税

ポスト3・11 の科学と政治

中村征樹［編］3・11 は日本社会が抱える様々な問題を浮き彫りにした。科学と政治を
巡って発言してきた気鋭の若手研究者たちが，その構図を問う。　　2600 円＋税

天地海人

防災・減災えっせい辞典　矢守克也［著］いつ起こるかわからない自然災害に常に備え
る心構えと災害後の未来に勇気を与える，天・地・海・人4部のエッセイとキーワード。
　　　　　　　　　　　　　　　　　　　　　　　　　　　　　　1700 円＋税

ゲームと対話で学ぼう

Thiagi メソッド　吉川肇子・Sivasailam Thiagarajan［著］世界的なゲームデザイナー
ティアギの教育ゲームを日本初紹介！　アクティブラーニングへのゲームの導入に最
適なテキスト。新しい授業へ。　　　　　　　　　　　　　　　　2200 円＋税

防災ゲームで学ぶリスク・コミュニケーション

クロスロードへの招待　矢守克也・吉川肇子・網代　剛［著］阪神淡路大震災での神戸市
職員の実体験を基に，災害時の対応をシミュレーションするカード教材「クロスロード」
の全貌。　　　　　　　　　　　　　　　　　　　　　　　　　2000 円＋税

クロスロード・ネクスト

続：ゲームで学ぶリスク・コミュニケーション　吉川肇子・矢守克也・杉浦淳吉［著］
災害対応カードゲーム教材「クロスロード」。ゲームの紹介，防災教育におけるゲーム
の活用意義と課題を論じ，防災ゲームの展開を示す。　　　　　　2500 円＋税

増補版 〈生活防災〉のすすめ

東日本大震災と日本社会　矢守克也［著］東日本大震災に生きる，地域と地域，人と人
のつながり。災害とともに生きていくために，日々の生活の智慧と工夫を改めて見直
す。　　　　　　　　　　　　　　　　　　　　　　　　　　　1300 円＋税